高等学校计算机基础教育规划教材

Python程序设计教程

王 辉 主编

于 洋 黄建岗 吴 超 刘建征 副主编

清华大学出版社

北京

内 容 简 介

本书共分为 13 章。第 1～3 章分别讲解初识 Python 语言、数据类型和各种运算符的使用；第 4 章讲解选择和循环两种控制结构；第 5 章讲解函数的定义与使用；第 6 章讲解类和面向对象编程；第 7 章讲解字符串；第 8 章讲解正则表达式，这部分的内容难度稍大；第 9 章讲解异常处理与代码调试；第 10～12 章分别讲解文件的读写和文件夹的各种操作，数据库应用，图形用户界面设计；第 13 章详细讲解 Python 语言的常用函数。

本书立足于自学，在知识体系上尽量做到完备，采用的例子既简单又精炼，配套电子课件以及全部源代码资源。本书可以作为高等院校人工智能等相关专业的 Python 教材，也可以作为 Python 爱好者的参考用书。

图书在版编目(CIP)数据

Python 程序设计教程/王辉主编.—北京：清华大学出版社，2021.1
高等学校计算机基础教育规划教材
ISBN 978-7-302-56904-6

Ⅰ. ①P… Ⅱ. ①王… Ⅲ. ①软件工具－程序设计－高等学校－教材 Ⅳ. ①TP311.561

中国版本图书馆 CIP 数据核字(2020)第 226788 号

责任编辑：袁勤勇 杨 枫
封面设计：常雪影
责任校对：白 蕾
责任印制：吴佳雯

出版发行：清华大学出版社
网 址：http://www.tup.com.cn，http://www.wqbook.com
地 址：北京清华大学学研大厦 A 座 **邮 编**：100084
社 总 机：010-62770175 **邮 购**：010-83470235
投稿与读者服务：010-62776969，c-service@tup.tsinghua.edu.cn
质量反馈：010-62772015，zhiliang@tup.tsinghua.edu.cn
课件下载：http://www.tup.com.cn，010-83470236
印 装 者：北京鑫海金澳胶印有限公司
经 销：全国新华书店
开 本：185mm×260mm **印 张**：13.75 **字 数**：312 千字
版 次：2021 年 1 月第 1 版 **印 次**：2021 年 1 月第1 次印刷
定 价：39.00 元

产品编号：089925-01

前言

Python语言诞生于20世纪90年代初，是世界上最流行的编程语言之一。2018年，Python被TIOBE官方评选为“年度编程语言”。从自动化重复任务、Web应用程序，到构建机器学习模型和实现人工神经网络，Python语言都有着非常广泛的应用。研究人员、数学家和数据科学家尤其喜欢Python，因为它有丰富且易于理解的语法和各种可用的开源软件包。Python的语法简单易学，代码的可读性强。用Python编写的应用程序几乎可以在任何计算机上运行，包括Windows系统、Mac OS系统和各种流行的Linux发行版本。另外，Python的用户社区非常活跃，社区成员乐意帮助新程序员学习Pythonic方法。

当前人工智能产业的发展如火如荼，作为新一轮产业变革的核心驱动力，人工智能催生了新技术、新产品、新产业，从而进一步引发经济结构的重大调整和变革，实现社会生产力的整体提升和质的飞跃。据全球咨询公司——麦肯锡预测，到2025年，全球人工智能的市场总产值将达到1200亿美元以上，人工智能将是众多智能产业发展的突破口。编者之所以在前言中提及人工智能，是因为与C、C++、Java等编程语言相比，Python是最适合人工智能领域的编程语言。读者以后想往人工智能方向发展，最好从学习Python语言开始。Python语言还可以用于嵌入式系统开发，如树莓派。

对于课时安排较少的学校，可以只学到异常处理部分以及最后一章。代码调试与测试、文件和文件夹、数据库应用以及图形用户界面设计可作为自学内容。本课程是“机器学习”“计算机视觉”“自然语言处理”等课程的先修课程，读者一定要夯实基础。学完本书的所有内容，读者可以继续学习Python高级编程，其主要内容包括多进程与多线程，网络编程，五个常用模块（Numpy、Scipy、Pandas、Matplotlib、Scikit-learn）的使用。在此基础上，再进行人工智能相关理论的学习就会比较容易，因为可以边学习理论，边进行编程实践，从而获得更加直观的体验。

本书在编写过程中得到了教研室同事，特别是张中伟老师的大力支持，在此深表感谢！已从本校本科毕业的韩浩同学对教材编写也给予了一定的帮助，在此一并表示感谢。书中的部分素材来源于网络，在此对所用素材作者表示感谢。

由于时间仓促，再加上编者水平有限，书中难免存在疏漏或错误之处，敬请广大读者批评指正。

编　者

2020年9月

目录

第1章

初识 Python 语言

1.1 Python 语言简介

Python 语言由 Guido 设计并领导开发，最早的可用版本诞生于 1991 年。Python 解释器的全部源代码都是公开的，可以在 Python 语言的官方网站（https://www.python.org/）上免费下载。截至目前，Python 语言是机器学习（Machine Learning，ML）、人工智能（Artificial Intelligence，AI）等领域最好的编程语言。几乎所有的机器学习和深度学习（Deep Learning）框架都是基于 Python 语言编写的。Python 语言的语法简洁、简单易学、功能强大；另外，Python 语言能够方便地封装 C、C++ 等语言编写的模块。

在 Python 语言的发展史上，先后出现了 Python 2.x 版本和 Python 3.x 版本，这两个版本的很多用法是不兼容的。Python 3.x 版本的解释器内部采用面向对象的方式实现，其语法也做了很多改进，这些改进导致 3.x 版本无法向下兼容 2.x 版本。因此，所有基于 2.x 版本编写的程序必须经过修改后才能在 3.x 版本的解释器下执行。2010 年 7 月发布了 Python 2.x 系列的最后一个版本，主版本号为 2.7。因此，Python 语言的初学者如果没有特殊需要，一定要学习使用 Python 3.x 版本。

Python 语言的应用范围十分广泛；著名搜索引擎 Google 的核心代码使用 Python 语言实现；迪士尼公司（Disney）的动画制作与生成采用 Python 语言实现。2018 年，Python 被 TIOBE 官方（https://www.tiobe.com/tiobe-index/）评选为“年度编程语言”，如图 1-1 所示。2019 年和 2020 年，Python 语言的排名分别是第 4 名和第 3 名，2020 年的排名仅次于 Java 语言和 C 语言。

Programming Language Hall of Fame

The hall of fame listing all "Programming Language of the Year" award winners is shown below. The award is given to the programming language that has the highest rise in ratings in a year.

Year	Winner
2018	Python

图 1-1 TIOBE 授予 Python 语言“2018 年度编程语言”

那么如何判断一个 Python 程序是不是 3.x 版本呢？最简便的方法是查看其 print 的

使用方式：

```
Python 2. x:  >>> print "2.x"
Python 3. x:  >>> print("3.x")
```

print 在 3.x 版本和 2.x 版本中的功能是一样的，但是用法不同。

1.2　安装 Python 开发环境

要想编写、调试和运行 Python 程序，首先必须正确地安装 Python 解释器。Python 解释器的源代码非常小，约为 25～30MB，下载网址为 https://www.python.org/downloads。根据所用操作系统的类型等性能指标决定选择哪一个版本的 Python 解释器。本书使用的是 64 位的 Python 3.5.3 版本。Python 官网提供的下载页面如图 1-2 所示。

Python 解释器安装时会启动一个引导过程，以 Windows 操作系统为例，该引导过程如图 1-3 所示。在该界面中，选中矩形框内的“Add Python 3.5 to PATH”选项。

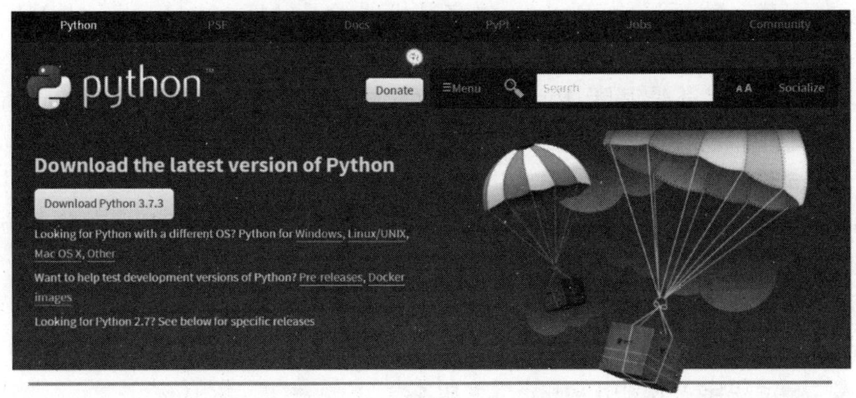

图 1-2　Python 官网下载页面

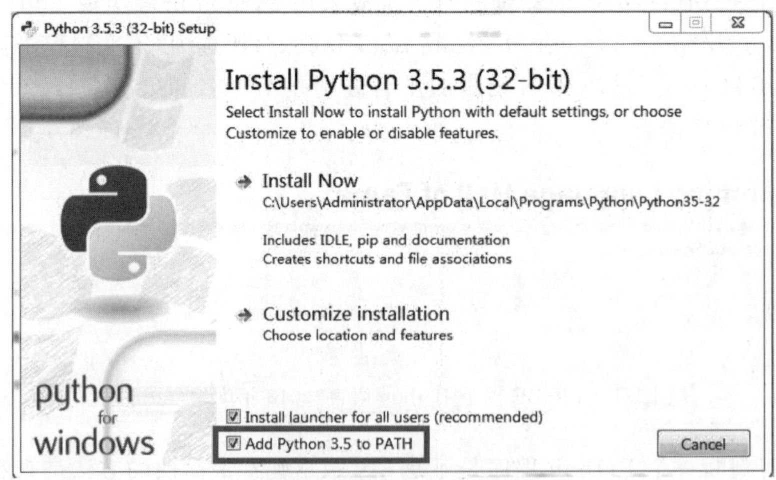

图 1-3　安装启动界面

安装成功的界面如图 1-4 所示。

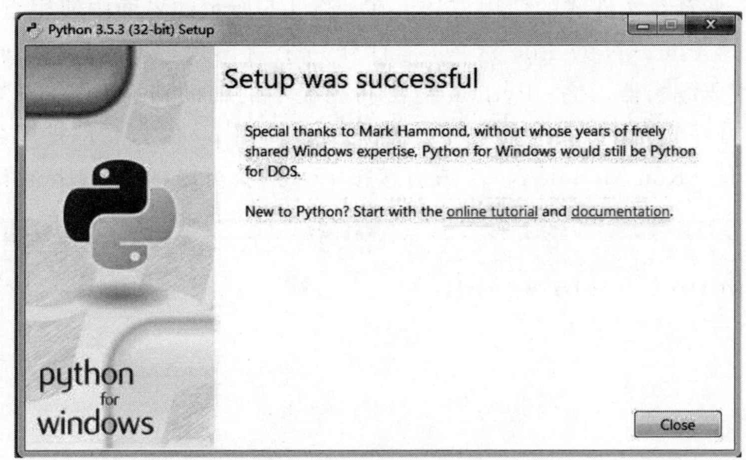

图 1-4　安装成功的界面

1.3　Python 解释器的重要工具

下面是 Python 解释器自带的两个重要工具：

(1) IDLE 集成开发环境(Integrated DeveLopment Environment)，如图 1-5 所示。这是 Python 语言的交互式运行环境，它能即时响应用户输入的代码并输出执行结果(在 IDLE>>>提示符的后面输入代码，输入完毕按回车键即可执行代码)。这种方式一般用于逐行调试程序代码。

(2) pip(Package Installer for Python)，即 Python 第三方扩展库安装工具，用于在当前计算机上安装第三方扩展库。关于如何使用 pip 的详细内容请参见 1.4 节。

对于 Python 语言的初学者，建议使用 Python 解释器自带的 IDLE 集成开发环境进行程序开发。以 Windows 操作系统为例，在"开始"菜单中启动 IDLE，如图 1-5 所示。

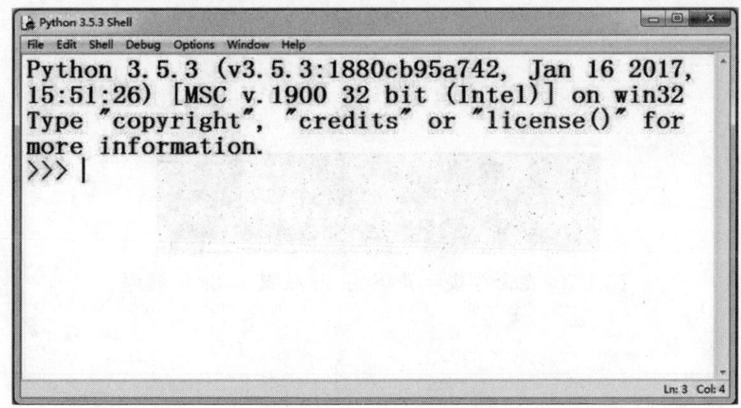

图 1-5　交互式 IDLE

IDLE 集成开发环境有两种使用方式：交互式和文件式。交互式的使用方法已经介绍完毕，下面再来看看文件式的使用方法。在如图 1-5 所示的界面中使用组合键 Ctrl+N 或在菜单中选择 File→New File 选项，将打开一个新窗口，如图 1-6 所示。该窗口是 IDLE 提供的代码编辑器，具备 Python 语法高亮显示的辅助功能，适合编写几百行以内的代码。将编写好的程序代码保存为 Python 文件(使用.py 作为文件扩展名)，然后选择菜单栏中的 Run→Run Module 命令，或直接按 F5 键，就可以运行 Python 程序了。

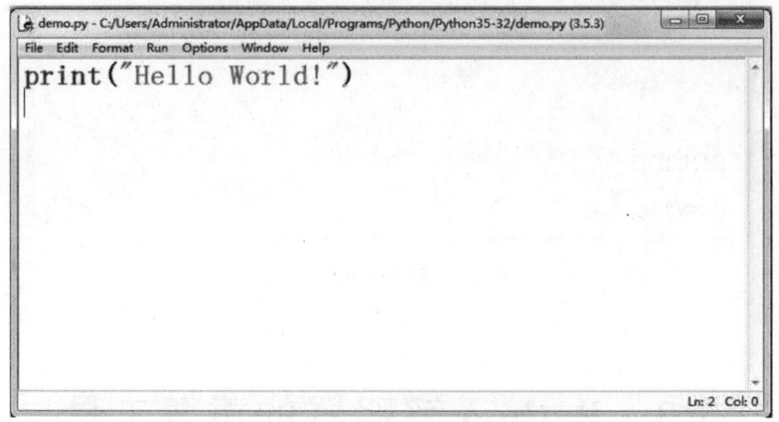

图 1-6　IDLE 代码编辑器

1.4　pip 命令

pip 是管理 Python 扩展库(模块)的最重要工具，使用它不仅可以查看本机已安装的 Python 扩展库列表，还可以安装、升级或卸载 Python 扩展库。pip 命令的使用方法如表 1-1 所示。注意：pip 命令是在 Windows 命令提示符 cmd[①] 下使用的，而且要切换到 Python 可执行程序 python.exe 所在目录的 Scrips 文件夹下。图 1-7 中演示了如何安装 jieba 扩展库。读者如果不知道 Python 解释器所在的路径，可以执行如下命令：

```
>>> import sys                          #导入 sys 模块
>>> sys.executable
'C:\\Users\\whui\\AppData\\Local\\Programs\\Python\\Python35\\pythonw.exe'
```

图 1-7　在命令提示符下用 pip 安装 jieba 扩展库

① cmd 代表 command 命令。

在上述路径中 whui 是本书作者计算机上的一个用户名,对应一个文件夹。另外,读者还要注意,在操作系统中有些目录在默认情况下是隐藏的,不显示出来。

表 1-1 pip 命令的使用方法

pip 命令	说明
pip install module	安装 module 模块
pip list	列出本机已安装的所有模块
pip install --upgrade module	升级 module 模块,--upgrade 可用-U 代替
pip uninstall module	卸载 module 模块
pip download module	下载但不安装 module 模块
pip show module	列出第三方库 module 的详细信息
pip search keyword	根据 keyword 在 https://pypi.org 上搜索扩展库

在 https://pypi.org/网站上可以发现(Find)、安装(Install)和发布(Publish)Python扩展库,如图 1-8 所示。单击图中的 Or browse projects 按钮可以看到所有项目的分类列表。有些 Python 扩展库临时还没有与本机安装的 Python 版本对应的官方版本,或者安装时要求本机已安装相应版本的 C++ 编译器,在这种情况下,可以到网站 http://www.lfd.uci.edu/~gohlke/pythonlibs/下载对应的 whl 文件(Windows 二进制文件),然后在命令提示符 cmd 下使用 pip 命令进行安装。

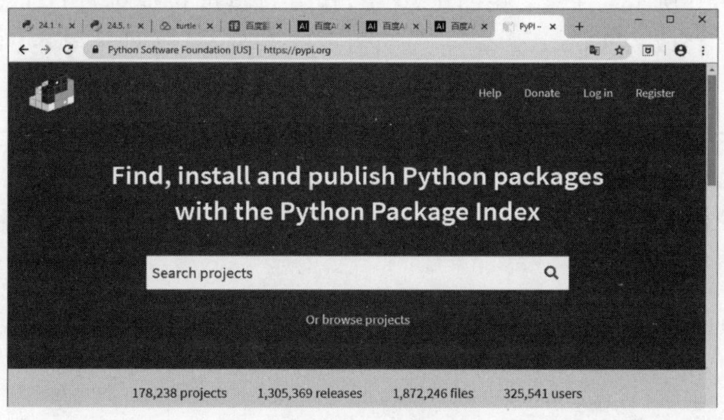

图 1-8 PyPi 网站

1.5 配置 IDLE 集成开发环境

1. 为交互式 IDLE 添加清屏快捷键

IDLE 自身没有提供类似于 Windows 命令提示符下的清屏命令 cls(Clear Screen),

不过这可以通过安装插件来实现。从互联网上下载 ClearWindow.py 文件(本书配套资源里有这个文件),将其放到 Python 安装路径下的 Lib\idlelib 文件夹中,用记事本打开该文件夹下的 config-extensions.def 文件,在该文件的末尾添加以下几行代码:

```
[ClearWindow]
enable=1
enable_editor=0
enable_shell=1
[ClearWindow_cfgBindings]
clear-window=<Control-Key-l>
```

上面的这几行配置代码,不需要手动输入,在 ClearWindow.py 文件中已经包含了此段代码,如图 1-9 所示,打开 ClearWindow.py 文件复制即可。

```
Add these lines to config-extensions.def

[ClearWindow]
enable=1
enable_editor=0
enable_shell=1
[ClearWindow_cfgBindings]
clear-window=<Control-Key-l>
```

图 1-9 文件 ClearWindow.py 的部分内容

保存 config-extensions.def 文件,重启 IDLE 后会发现 Options 菜单中多了一个清屏菜单项,如图 1-10 所示。注意:在图 1-10 中,作者将清屏快捷键进行了修改,由原来的"Control-Key-l"修改为"Control+;"。每当需要清屏时,只要同时按下 Ctrl 键和分号键";"即可。

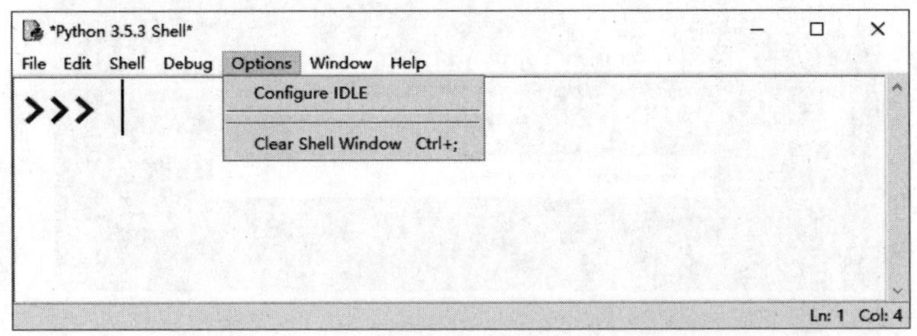

图 1-10 Options 菜单中多了一个清屏菜单项

2. 为文件式 IDLE 添加行号

操作步骤同清屏菜单项类似。从互联网上下载 LineNumbers.py 文件(本书配套资源里有这个文件),将其放到 Python 安装路径下的 Lib\idlelib 文件夹中,用记事本打开该文件夹下的 config-extensions.def 文件,在该文件的末尾添加以下几行配置代码:

```
[LineNumbers]
enable=1
enable_shell=0
visible=True
[LineNumbers_cfgBindings]
linenumbers-show=
```

同样，上面的这几行配置代码也不需要手动输入，LineNumbers.py 文件已经包含了这几行代码，打开该文件复制即可。保存 config-extensions.def 文件，然后使用 IDLE 新建一个程序文件，在其中随意输入几行代码，此时会发现每行代码的左侧都有一个行号，如图 1-11 所示。

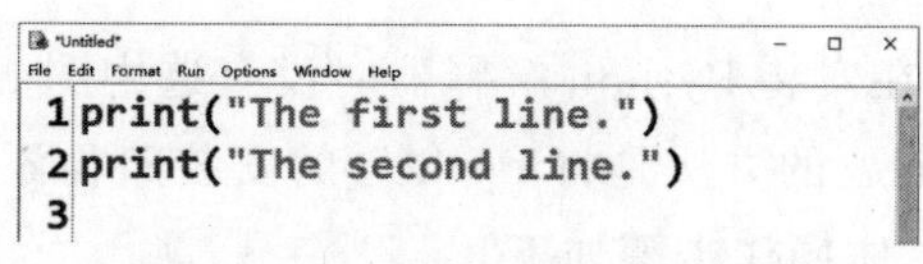

图 1-11 每行代码都有一个行号

1.6 安装和调试的常见问题

下面列出 Python 语言初学者经常遇到的五种问题及其解决办法。

问题 1：安装失败。

安装失败(Setup failed)，如图 1-12 所示。安装失败通常是因为操作系统与 Python 版本不兼容导致的，如在低版本的 Windows 操作系统中安装较新版本的 Python 解释器。遇到这种情况时，建议安装较低版本的 Python 解释器，如 32 位的 Python 3.4.2。

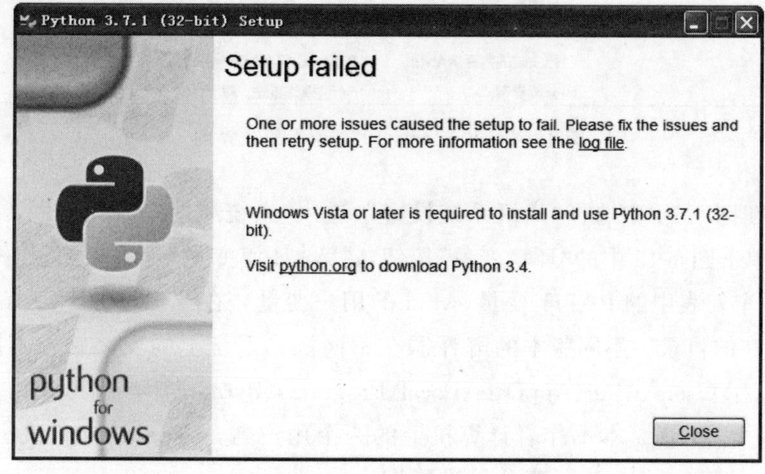

图 1-12 Python 安装失败

问题 2：系统环境变量 Path 配置错误。

Python 解释器安装成功以后，在 Windows 命令提示符下执行 python 命令，如果出现如图 1-13 所示的情况，则表明操作系统中没有配置好 Python 解释器的安装路径。

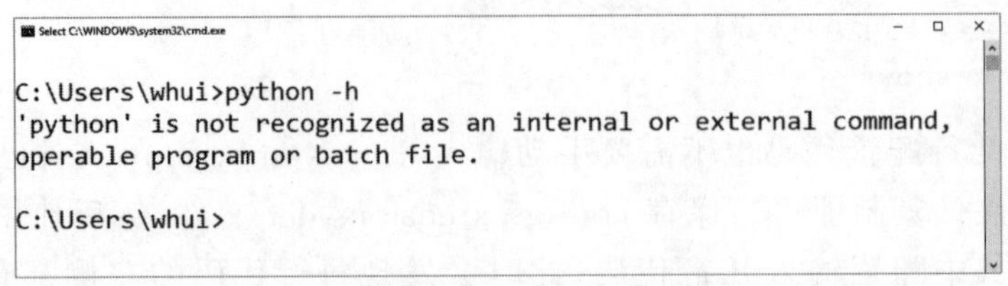

图 1-13　Python 路径配置缺失

出现这种问题是因为在安装 Python 解释器时没有选中图 1-3 中的"Add Python 3.5 to PATH"选项。解决该问题的方法是将 Python 的安装路径添加到 Windows 操作系统的 PATH 环境变量中。具体操作步骤如下：

第一步，右击"此电脑"，选择"属性"命令，得到与图 1-14 对应的界面。

图 1-14　Windows 10"系统"配置界面

第二步，在图 1-14 中选择"高级系统设置"，进入"系统属性"界面，如图 1-15 所示。

第三步，单击图 1-15 中的"环境变量"按钮，进入"环境变量"配置界面，如图 1-16 所示。双击修改上一个列表中的 PATH 变量(whui 的用户变量)，在其中增加 Python 可执行程序 python.exe 所在的目录。不同版本的解释器在不同操作系统上的安装路径不同，这里仅给出一个参考：C:\Users\whui\AppData\Local\Programs\Python\Python35-32。

在该路径中 whui 是本书作者计算机上的一个用户名，对应一个文件夹。

问题 3：unexpected indent 意外缩进错误。

图 1-17 中的错误是因为 print 函数前有多余的空格，产生了错误的缩进，因此程序运

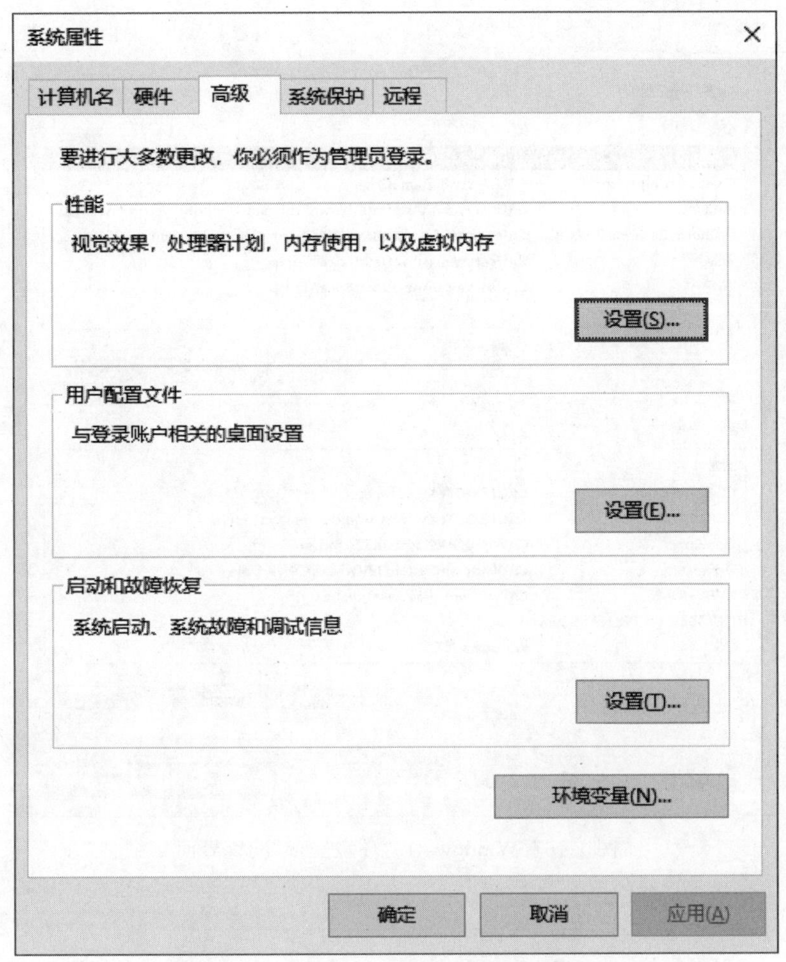

图 1-15　Windows 10“系统属性”配置界面

行时出错。缩进是 Python 语法的一部分,初学者常犯的一个错误是将 Tab 键和空格键混用,从而导致缩进不一致。

问题 4：invalid syntax 无效语法错误。

这个错误通常是由语法格式错误导致的。具体地说,虽然图 1-18 中编辑器提示错误出现在最后一行的 print()语句处,但实际上错误的根源是第 2 行的 print()语句,该行语句缺少一个右括号“)”。

问题 5：invalid character 无效字符错误。

在如图 1-19 所示的代码中使用了中文右括号,这是不允许的。Python 语法都是用英文定义的,不能使用中文符号。

图 1-16　Windows 10“环境变量”配置界面

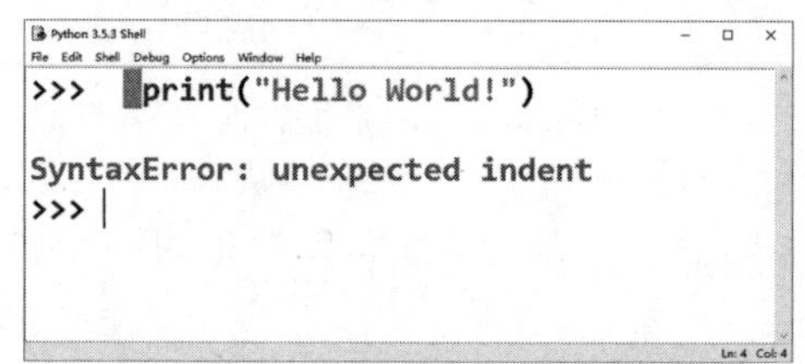

图 1-17　意外缩进错误

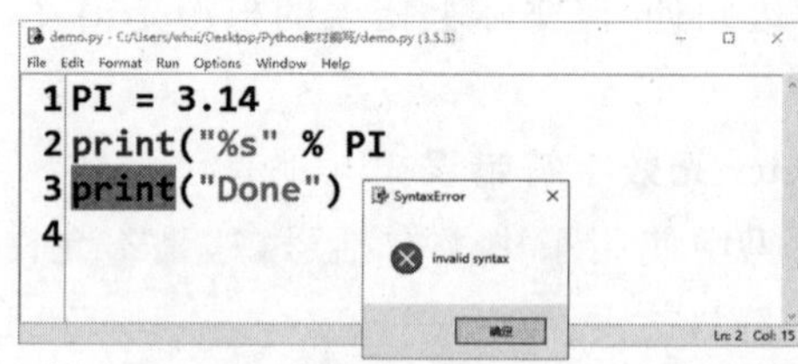

图 1-18　无效语法错误

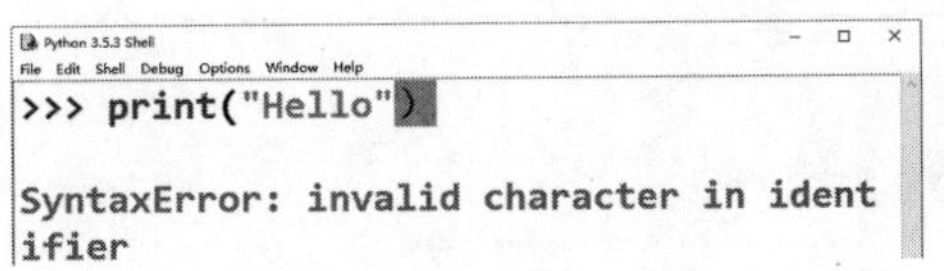

图 1-19　无效字符错误

1.7　打包工具 PyInstaller

PyInstaller 是一个十分有用的 Python 扩展库，其网址为 http://www.pyinstaller.org/。它能够在 Windows、Linux 等操作系统下将 Python 源程序文件(即.py 文件)打包，变成可直接运行的可执行文件。通过对源程序文件打包，Python 程序可以在没有安装 Python 环境的系统中运行。PyInstaller 需要在命令提示符下使用 pip 命令安装，代码如下：

```
:\>pip install PyInstaller
```

具体安装方法请参考 1.4 节的相关内容。

使用 PyInstaller 扩展库对 Python 源程序文件打包非常简单，使用方法如下：

```
:\>pyinstaller <源程序文件名>
```

执行完上述代码，在源文件所在目录中将增加 dist 和 build 两个文件夹，如图 1-20 所示。其中，build 目录是 PyInstaller 存储临时文件的目录，可以将其删除。最终生成的可执行程序在 dist 文件夹内，并且与源程序文件同名，dist 文件夹中的其他文件是可执行文件的动态链接库[①]。可以使用选项-F 限定 Python 源文件只生成一个独立的可执行文件，代码如下：

```
:\>pyinstaller -F hello.py
```

上述代码执行完毕后，在 dist 文件夹中只包含一个 hello.exe 文件，如图 1-20 所示，没有其他任何依赖库。假如 hello.py 源程序文件的内容如图 1-21 所示，双击 dist 文件夹中生成的可执行文件 hello.exe，程序的执行结果如图 1-22 所示。

说明：input()函数的功能是接收键盘输入的内容，将接收到的内容作为一个字符串返回，其中 input()函数中双引号中的内容是提示信息。

注意：在命令提示符 cmd 下一定要使用切换目录命令 cd(change directory)，将命令提示符 cmd 的工作目录切换至源程序文件 hello.py 所在的目录，如图 1-23 所示，在该图中的路径 C:\Users\whui\Desktop\Turtle 是本书作者存放 hello.py 源程序的目录。

使用 PyInstaller 库时要注意：文件路径中不能出现空格和英文句号。与-F 选项的使用方式类似，PyInstaller 还支持其他一些常用的选项，如表 1-2 所示。

① 动态链接库(Dynamic Link Library，DLL)，是微软公司在 Windows 操作系统中实现共享函数库概念的一种方式。

dist
Home
Share
View
This PC › Desktop › Turtle › dist
Search dist
pycache
backup
build
dist
Image
程序
Name
Date modified
Type
Size
hello.exe
2019/8/27 10:08
Application
5,652 KB
1 item

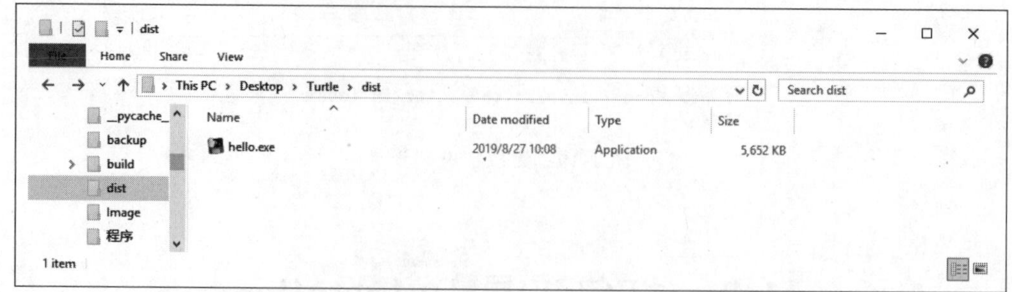

图 1-20　生成的 build 和 dist 两个文件夹

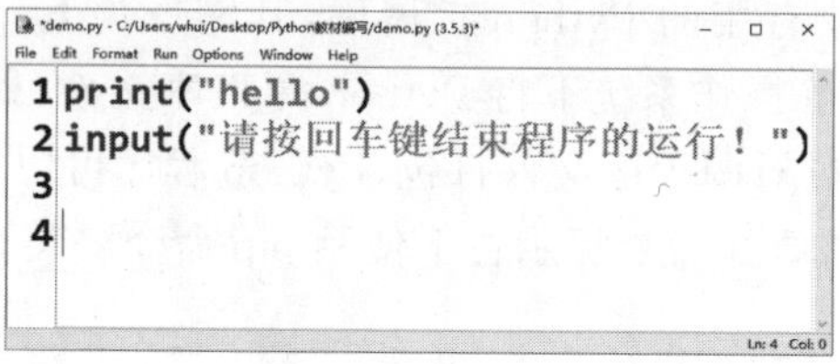

print("hello")
input("请按回车键结束程序的运行！")

图 1-21　源程序文件 hello.py 中的内容

C:\Users\whui\Desktop\教学相关\Python\dist\hello.exe
hello
请按回车键结束程序的运行！

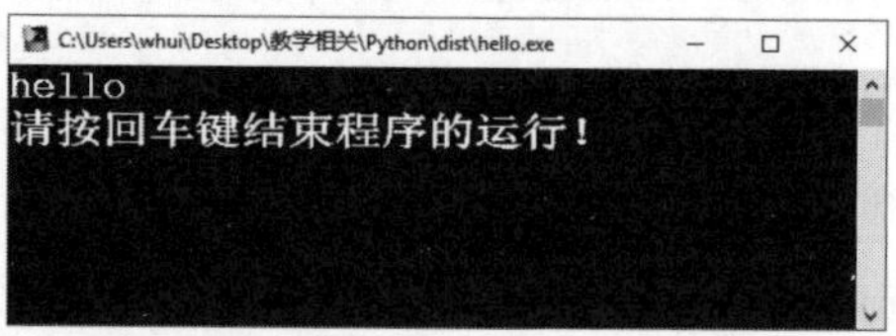

图 1-22　可执行程序 hello.exe 的运行结果

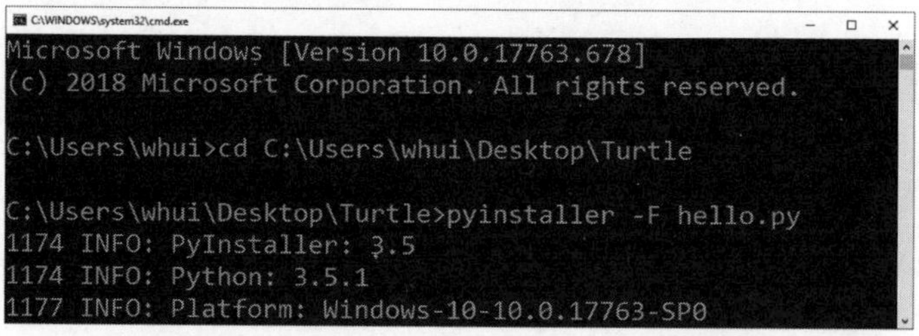

C:\WINDOWS\system32\cmd.exe
Microsoft Windows [Version 10.0.17763.678]
(c) 2018 Microsoft Corporation. All rights reserved.
C:\Users\whui>cd C:\Users\whui\Desktop\Turtle
C:\Users\whui\Desktop\Turtle>pyinstaller -F hello.py
1174 INFO: PyInstaller: 3.5
1174 INFO: Python: 3.5.1
1177 INFO: Platform: Windows-10-10.0.17763-SP0

图 1-23　切换命令提示符的工作目录

表 1-2　PyInstaller 常用选项及其含义

选　项	含　义
-h, --help	查看帮助
--clean	清理打包过程中产生的临时文件
-D, --onedir	默认值，生成 dist 文件夹

续表

选　项	含　义
-F, --onefile	在 dist 文件夹中只生成一个独立的可执行文件
-i <图标文件名.ico>	指定即将生成的可执行程序所使用的图标

本章最后给出几个 IDLE 常用的快捷键,如表 1-3 所示。

表 1-3　IDLE 常用的快捷键

快　捷　键	说　明
Alt+p	查看上一条命令,p 是 previous 的首字母
Alt+n	查看下一条命令,n 是 next 的首字母
Tab	补全命令
Alt+3	添加注释
Alt+4	取消注释
Ctrl+]	向右侧缩进代码
Ctrl+[	取消缩进

1.8　小　　结

Python 语言诞生于 1991 年,它由 Guido 设计并领导开发。Python 语言在诸如迪士尼公司的动画制作与生成等领域有着十分广阔的应用前景。本章主要讲述 Python 语言解释器的安装;它自带的两个重要工具;IDLE 集成开发环境和第三方扩展库的安装等内容。配置 IDLE 包括为其添加清屏快捷键,以及为其代码编辑器添加行号。安装和调试 Python 程序时常出现的各种问题及其解决办法。最后讲述了 Python 程序的打包工具 PyInstaller。将 Python 源程序文件打包后(变成了可执行文件.exe),该程序可以在没有安装 Python 环境的系统中直接运行。

练习题 1

1. Python 语言诞生于________年;是在________的带领下设计并开发的。

2. 2018 年,Python 语言被 TIOBE 官方评选为"________"。

3. 在 Python 语言的发展史上,先后出现了________和________两个版本,判断当前使用的 Python 语言是哪一个版本的简单方法是________。

4. Python 解释器自带的两个重要工具是________和________。

5. 安装 Python 扩展库 jieba,需要执行的命令是________。

6. 列出当前计算机中已安装的所有模块的命令是________。

7. 学习 Python 语言要时刻提醒自己“不要重复造轮子”,因为 PyPi 网站上提供了许多第三方扩展库。另外,Doug Hellmann 的博客 https://pymotw.com/2/也提供了大量的极佳参考资料。在多数情况下,用户需要的某些功能,Python 语言、PyPi 网站等早已提供了相应的开源功能模块,用户下载使用即可,无须自己开发。请写出 PyPi 网站的网址________。

8. 查阅资料,给出几个 Python 语言在生产实践中的真实应用场景。

9. 编写一段代码,使之输出文字“Hello World!”,然后使用 PyInstaller 将这段代码编译成可执行文件。

第2章

数 据 类 型

Python 语言的数据类型包括基本型和组合型，如表 2-1 所示。基本型包括数值型和字符串型，数值型又细分为整型、浮点型和复数。组合型包括列表(list)、元组(tuple)、集合(set)和字典(dictionary)。

表 2-1　Python 数据类型

<table>
<tr><td rowspan="8">数据类型</td><td rowspan="4">基本型</td><td rowspan="3">数值型</td><td>整型，示例：2，1</td></tr>
<tr><td>浮点型，示例：3.14</td></tr>
<tr><td>复数，示例：2+3j</td></tr>
<tr><td>字符串型</td><td>字符串，示例："hello"</td></tr>
<tr><td rowspan="4">组合型</td><td colspan="2">列表，示例：[1，3，2]</td></tr>
<tr><td colspan="2">元组，示例：(2，1，3)</td></tr>
<tr><td colspan="2">集合，示例：{1，3，5}</td></tr>
<tr><td colspan="2">字典，示例：{'b'：2，'a'：1}</td></tr>
</table>

2.1　数　值　型

在 Python 语言中，整型可用二进制(binary)、八进制(octal)、十进制(decimal)和十六进制(hexadecimal)四种形式表示，如表 2-2 所示。

表 2-2　各种进制

进　制	引　导　符	函　数	示　例
二进制	0b 或 0B	bin(60)	0b111100
八进制	0o 或 0O	oct(60)	0o74
十进制	—	—	60
十六进制	0x 或 0X	hex(60)	0x3c

上述表格中给出了十进制数60的二进制、八进制和十六进制三种表示形式。另外，进制只是整数的不同表示形式，用于辅助程序员更好地开发程序。不同进制的整数相互之间可以直接进行运算。无论采用何种进制表示形式，数据在计算机内部都是以相同的格式存储的。在默认情况下，不同进制之间的运算结果以十进制数形式显示。

```
>>> 0b101 + 0x11                          #二进制的101等于十进制的5
22                                        #十六进制的11等于十进制的17
>>> bin(3)
'0b11'
>>> oct(10)
'0o12'
>>> hex(11)
'0xb'
>>> max(1, 5, 2)                          #求最大值
5
>>> min(1, 5, 2)                          #求最小值
1
```

浮点型数据有两种表示形式：带小数点的一般形式和科学记数法。如小数123.456，用科学记数法表示是1.23456e2(字母e也可以用大写)。Python语言的浮点数运算存在一个“不确定尾数”的问题。

```
>>> 1.23456e2
123.456
>>> 0.1 + 0.2
0.30000000000000004
>>> 0.1 + 0.2 == 0.3
False
```

“不确定尾数”是程序设计语言的共性问题。要想消除“不确定尾数”的影响，可以使用round()函数：round(x, d)对浮点数x进行四舍五入，保留d位小数。

```
>>> round(1.2346, 2)
1.23
>>> round(1.55, 1)
1.6
>>> round(0.1+0.2, 3) == 0.3
True
```

math是一个常用的数学库：

```
>>> import math                           #导入数学库math
>>> math.floor(5.6)                       #下取整
5
>>> math.ceil(5.6)                        #上取整
6
```

复数(Complex)由实部(Real)和虚部(Imag)构成，在 Python 语言中，复数的虚部以 j 或者 J 作为后缀：

```
>>> a = 3 + 2j                          #定义一个变量 a 并赋值为 3+2j
>>> a                                   #输出变量 a 的值
(3+2j)
>>> a.real                              #得到复数 a 的实部
3.0
>>> a.imag                              #得到复数 a 的虚部
2.0
>>> 2 + j                               #虚部为 1 时不能省略不写
Traceback (most recent call last):
  File "<pyshell#63>", line 1, in <module>
    2 + j
NameError: name 'j' is not defined
>>> 2 + 1j                              #虚部为 1
(2+1j)
>>> abs(4 + 3J)                         #使用函数 abs()①得到复数 4+3J 的模
5.0                                     #注意结果是浮点数,而不是整数
>>> abs(-5)
5
>>> abs(-1.5)
1.5
```

2.2 字　符　串

字符串是字符的序列，分为单行字符串和多行字符串两种类型。单行字符串用一对单引号(')或一对双引号(")作为边界：

```
>>> print('这是"单行字符串"')
```

这是"单行字符串"。

多行字符串用一对三单引号(''')或一对三双引号(""")作为边界：

```
>>> print("""这是多行字符串的第一行
这是多行字符串的第二行
""")
这是多行字符串的第一行
这是多行字符串的第二行
```

用下标和中括号[]操作符访问字符串中的字符，注意下标从 0 开始计数，如图 2-1

① abs 代表 absolute(绝对值)。

所示。

```
>>> fruit = "apple"                     #将字符串 apple 赋值给变量 fruit
>>> fruit[1]                            #得到字符串 apple 的第二个字符
'p'
```

len(x)函数返回字符串 x 的长度(Length)：

```
>>> len("fun")
3
>>> len("不忘初心")
4
>>> length = len(fruit)                 #得到字符串 apple 的长度
>>> length
5
>>> last = fruit[length-1]              #字符串 apple 的最后一个字符
>>> last
'e'
```

下标可以从 0 开始正向增大,也可以从－1 开始反向减小。字符串的最后一个字符,其下标为－1,以此类推,倒数第 2 个字符的下标为－2,如图 2-1 所示。

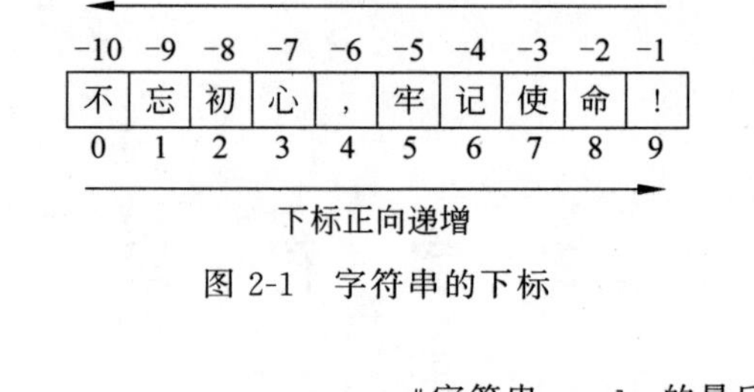

图 2-1　字符串的下标

```
>>> fruit[-1]                           #字符串 apple 的最后一个字符
'e'
>>> fruit[-2]                           #倒数第 2 个字符
'l'
```

2.2.1　字符串切片

得到字符串片段的操作叫作切片(Slice)。假如一个字符串被赋值给变量 s,则 s 的切片为 s[start: stop: step],其参数 start 为起点(默认值为 0),stop 为终点(不包括),step 为步长(默认值为 1),这三个参数都可以省略：

```
>>> s = "Python"
>>> s[0:2]                              #得到由 s[0]和 s[1]两个字符组成的字符串
'Py'
>>> s[:2]                               #等价于 s[0:2]
```

```
'Py'
>>> s[2:4]                          #得到 s[2]和 s[3]两个字符
'th'
>>> s[2:]
'thon'
```

切片 s[2:]从第 3 个字符开始，一直到结尾，等价于 s[2:len(s)]。

```
>>> s[::2]                          #等价于 s[0:len(s):2],此处 2 是步长
'Pto'                               #得到 s[0]、s[2]和 s[4]三个字符
>>> s[2:2]                          #得到空字符串①
''
>>> s[2:1]                          #start 大于或等于 stop 时返回空字符串
''
>>> s[::]                           #等价于 s[0:len(s):1]
'Python'
>>> s[1:4:2]                        #得到 s[1]和 s[3]两个字符
'yh'
>>> s = "god"
>>> s[::-1]                         #步长为-1 时逆序输出字符串
'dog'
```

字符串是不可变的(Immutable)，一旦创建就不能修改它包含的字符，也无法删除它包含的字符：

```
>>> s = 'good'
>>> s[0] = 'f'                      #错误,字符串不可变
Traceback (most recent call last):
  File "<pyshell#25>", line 1, in <module>
    s[0] = 'f'
TypeError: 'str' object does not support item assignment
>>> new_s = 'f' + s[1:]             #在原字符串的基础上创建一个新字符串
>>> new_s
'food'
>>> word = "apple"
>>> new_word = word.upper()         #转换为大写形式并赋值给 new_word
>>> new_word
'APPLE'
>>> word                            #原字符串保持不变
'apple'
>>> word = "apple"
>>> word.find('p')                  #查找字符 p 第一次出现的下标
1
```

① 注意不是空格。

```
>>> word.find('le')                    #查找字符串 le 第一次出现的下标
3
>>> word = "banana"
>>> word.find('a', 2)                  #从下标等于 2 的位置开始查找
3
>>> name = 'bob'
>>> name.find('b', 1, 2)               #查找字符 b,下标从 1 开始到 2 结束(不包括)
-1                                     #没找到时返回-1
>>> 'a' in 'apple'                     #字符 a 在字符串 apple 中
True
>>> 'seed' in 'pear'                   #字符串 seed 不在字符串 pear 中
False
```

Python 语言提供的 type(x)函数用于对 x 的类型进行判断:

```
>>> type(5)                            #5 为整型 int(Integer)
<class 'int'>
>>> type("Hello")                      #"Hello"为字符串类型 str(String)
<class 'str'>
>>> type(1.0)                          #1.0 为浮点型 float
<class 'float'>
```

2.2.2 数据类型转换

Python 语言提供了 3 个数据类型转换函数,用于实现在整数、浮点数和字符串三种数据类型之间进行转换,如表 2-3 所示。

表 2-3 数据类型转换函数

函 数 名	功 能 描 述
int(x)	将 x 转换为整数,x 可以是浮点数或字符串
float(x)	将 x 转换为浮点数,x 可以是整数或字符串
str(x)	将 x 转换为字符串,x 可以是整数或浮点数

浮点数转换为整数时,小数部分会被舍弃(不是四舍五入);整数转换为浮点数时,会添加小数部分。

```
>>> float(5)                           #整数转换为浮点数,添加小数部分
5.0
>>> str(5)                             #整数转换为字符串
'5'
>>> int(5.5)
5
```

上述代码在将浮点数转换为整数时,直接去掉小数部分,不进行四舍五入。

```
>>> str(5.5)                                   #浮点数转换为字符串
'5.5'
>>> int("5")                                   #字符串转换为整数
5
>>> float("5")                                 #字符串转换为浮点数
5.0
>>> str(5+6)                                   #先计算后转换
'11'
```

添加在程序中用来说明程序功能的文字叫作注释(Comment)。注释有两种形式:

(1) 单行注释,以井号(#)开头;

(2) 多行注释,用一对'''或"""将注释内容括起来。

Python 解释器自动忽略注释的所有内容:

```
#计算已用时间的百分比
percentage = (minute * 100) / 60
v = 5                                          #速度,单位"米/秒"
```

在上述代码中,有两个位置出现了注释。对于多行注释,在后面的章节进行介绍。

2.2.3 转义字符

与其他编程语言类似,Python 语言也支持一种特殊形式的字符常量,即以一个反斜杠"\"开头的字符序列,如"\n"表示换行。反斜杠"\"叫作转义字符,它能改变其后字符的本来意义。Python 语言支持的、以反斜杠"\"开头的特殊字符,如表 2-4 所示。

表 2-4 转义字符

字符形式	功 能	字符形式	功 能
\b	退格 Backspace	\f	走纸换页 Form Feed
\n	换行符 Newline	\r	回车符 Carriage Return
\t	水平制表符 Tab	\v	垂直制表符 Vertical
\\	\	\'	'
\"	"	\ooo	三位八进制数对应的字符
\xhh	二位十六进制数对应的字符	\uhhhh	四位十六进制数对应的 Unicode 字符

反斜杠"\"也是续行符,也就是将一行代码写成两行或两行以上,一般用于代码较长的行,以增加代码的可读性。

注意:作为续行符,反斜杠"\"后不能有任何字符(包括空格),必须直接换行。

```
>>> print("这是第一行\
这是第二行\
这是第三行")
```

上述代码的输出结果：

这是第一行这是第二行这是第三行

Python 解释器自带的 IDLE 不支持部分转义字符，如\b、\f、\r、\v，如图 2-2 所示。而其自带的命令行模式不支持\f 和\v，支持\b 和\r，如图 2-3 所示。转义字符\f 和\v 只有输出到打印机时，才会有相应的效果。

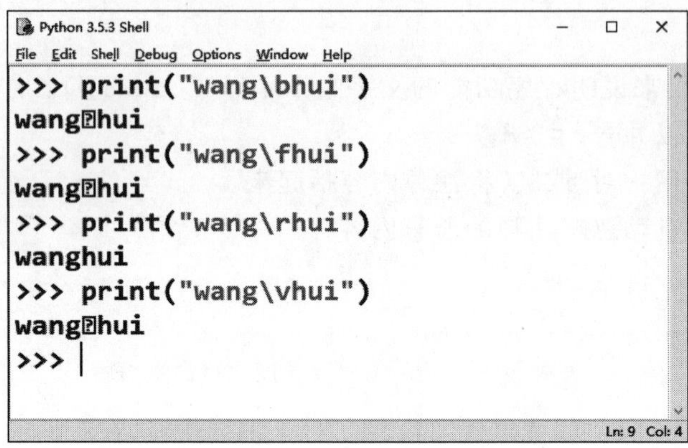

图 2-2 IDLE 不支持\b、\f、\r 和\v

```
Python 3.5 (64-bit)
>>> print("wang\bhui")
wanhui
>>> print("wang\fhui")
wang♀hui
>>> print("wang\rhui")
huig
>>> print("wang\vhui")
wang♂hui
>>>
```

图 2-3 Python 自带的命令行模式

```
>>> print('Hello\nWorld!')                #包含转义字符\n 的字符串
Hello
World!
>>> oct(65)                               #十进制数 65 对应的八进制数
'0o101'
>>> print('\101')                         #三位八进制数 101 对应的字符
A
>>> hex(65)                               #十进制数 65 转换为十六进制数
'0x41'
>>> print('\x41')                         #两位十六进制数 41 对应的字符
A
```

```
>>> ord('王')                           #汉字"王"对应的Unicode编码
29579
>>> hex(29579)                          #十进制数29579转换为十六进制数
'0x738b'
>>> print('\u738b')                     #四位十六进制数738b对应的Unicode字符
王
```

Python 3.x 中的字符串以 Unicode 编码存储，一个英文或中文字符都计作 1 个字符。Unicode 编码是为了解决传统字符编码的局限性而产生的，从 1990 年开始研发，到 1994 年正式公布。它为世界上绝大多数语言的每一个字符都设定了统一的、唯一的二进制编码，以满足跨语言、跨平台文本转换、处理的要求。Unicode 编码共有三种实现方案，分别是 UTF-8、UTF-16 和 UTF-32，它们分别使用 1～4 字节、2～4 字节和 4 字节表示一个字符。

```
>>> '您好'[-2]
'您'
```

交互式 IDLE 默认输出单引号字符串形式，这与双引号形式的字符串一样，两者没有区别。

2.3 变　　量

变量是一个数值的名称。下列赋值语句创建一个变量 n 并给它赋值：

```
>>> n = 17                              #创建变量n并给它赋值为17
>>> pi = 3.1415
>>> message = "Amazing China"
```

上述赋值语句创建变量 message，并给它赋值为字符串"Amazing China"。一个变量的类型就是它引用的值的类型：

```
>>> type(n)                             #变量n的类型就是它引用的整数17的类型
<class 'int'>                           #整型Integer
```

在 Python 语言中定义一个变量必须遵循以下 3 个条件：

(1) 只能使用 52 个大小写英文字母、0～9 十个阿拉伯数字和一个下画线"_"；

(2) 变量名不能以数字开头；

(3) 不能用 Python 解释器使用的关键字(Keyword)。

```
>>> import platform                     #导入platform模块
>>> platform.python_version()           #查看当前使用的Python版本号
'3.5.3'
>>> import keyword                      #导入keyword模块
>>> keyword.kwlist                      #查看Python使用的关键字,共计33个
```

```
['False', 'None', 'True', 'and', 'as', 'assert', 'break', 'class', 'continue',
'def', 'del', 'elif', 'else', 'except', 'finally', 'for', 'from', 'global',
'if', 'import', 'in', 'is', 'lambda', 'nonlocal', 'not', 'or', 'pass', 'raise',
'return', 'try', 'while', 'with', 'yield']
```

下面给出几个非法的变量名：

```
>>> 1a = 5                             #变量名不能以数字开头
SyntaxError: invalid syntax
>>> a@= 1                              #@是非法字符,不能在变量名中使用
SyntaxError: invalid syntax
>>> class = 2                          #class 是 Python 解释器使用的关键字
SyntaxError: invalid syntax
```

不建议使用中文等非英文字符定义变量名：

```
>>>人生 = 1
>>>print(人生)
1
```

下面再列举几个合法的变量名：

```
first
_test
myVar
```

注意：在 Python 语言中，变量名是大小写敏感的，num 与 Num 是两个不同的变量名。

下面学习加(+)、减(-)、乘(*)、除(/)和乘方(**)五种操作符(Operator)的使用：

```
>>> 1 + 2                              #加法运算
3
>>> hour = 5
>>> hour -1                            #减法运算
4
>>> hour * 2                           #乘法运算
10
>>> 3 / 2                              #除法运算
1.5                                    #注意与 C 语言的运算结果不同
>>> 2 ** 3                             #乘方运算,计算 2 的 3 次方
8
```

操作符作用的对象叫作操作数(Operand)，如在 2 ** 3 中 2 和 3 都是操作数。由数值、变量和运算符组成的式子叫作表达式(Expression)。单独的一个数值和变量也是表达式。如下面的 3 个式子都是表达式：

```
10
x                                      #假如变量 x 已被赋值
```

```
x + 10
```

语句(Statement)是可以被 Python 解释器执行的代码单元：

```
>>> print("Hello")                    #print 语句
Hello
>>> a = 5                             #赋值语句
```

表达式也是一种语句。二者的区别：表达式有值；语句没有值。

字符串不能执行数学运算，即使它看起来像数值也不行：

```
>>> "pig" / "dog"                     #错误
>>> '2' - '1'                         #错误
```

“+”操作符可用于字符串，此时它起到连接作用(Concatenation)：

```
>>> "good" + "luck"
'goodluck'
```

“*”操作符也可用于字符串，此时它执行重复操作：

```
>>> 'good' * 3
'goodgoodgood'
```

2.4 组 合 型

计算机不仅对单个变量表示的数据进行处理，在更多情况下，它需要对一组数据进行批量处理，而容纳一组数据的容器就是组合型数据类型。在 Python 语言中，组合型包括列表、元组、集合和字典四种。

2.4.1 列表

1. 列表的含义

列表(list)是由一系列值构成的。列表中的值可以是任意类型。列表中的值被称为元素或者项。列表有多种创建方法，其中最简单的一种方法是将元素放在一对中括号“[]”里面，并用逗号隔开，举例如下。

```
>>> list()                            #空列表
[]
>>> []                                #空列表
[]
>>> [1, 2, 4]
[1, 2, 4]
>>> type([1, 3, 5])                   #[1, 3, 5]为列表类型
```

```
<class 'list'>
>>> ['a', 'b']
['a', 'b']
>>> ['hello', 1.0, [2, 4]]                        #列表可以嵌套
['hello', 1.0, [2, 4]]
```

2. 访问列表元素

访问列表元素使用中括号运算符“[]”，括号内的表达式指定了元素的下标，下标从 0 开始计数：

```
>>> numbers = [1, 5, 3]
>>> numbers[0]
1
>>> numbers[1]
5
>>> numbers[2]
3
>>> numbers[3]                                    #列表 numbers 中没有下标为 3 的元素
Traceback (most recent call last):
  File "<pyshell#79>", line 1, in <module>
    numbers[3]
IndexError: list index out of range
>>> numbers[-1]                                   #访问列表 numbers 的最后一个元素
3
```

由上述示例代码可以看出：下标可以从 0 开始正向增大，也可以从 −1 开始反向减小。

```
>>> numbers
[1, 5, 3]
>>> numbers[1] = 2                                #修改列表中第 2 个元素的值
>>> numbers
[1, 2, 3]
```

3. 列表的加、乘法运算

列表的加法和乘法操作：

```
>>> a = [1, 2, 3]
>>> b = [4, 5, 6]
>>> c = a + b                                     #两个列表相加+
>>> c
[1, 2, 3, 4, 5, 6]
>>> [1, 2] * 2                                    #列表的重复操作 *
[1, 2, 1, 2]
```

4. 列表的切片

列表的切片(Slice)操作：

```
>>> t = ['a', 'b', 'c', 'd', 'e']
>>> t[1:3]
['b', 'c']                                  #返回 t[1]和 t[2]这两个元素的值
```

上述切片 t[1：3]的开始下标 start＝1，结束下标 end＝3(不包括)，步长 step 取默认值 1。

```
>>> t[:3]                                   #开始下标 start 取默认值 0
['a', 'b', 'c']                             #返回 t[0]、t[1]和 t[2]这三个元素的值
>>> t[3:]                                   #开始下标 start=3,一直到列表结束
['d', 'e']                                  #返回 t[3]和 t[4]的值
>>> t[:]                                    #三个参数的值都省略,复制整个列表
['a', 'b', 'c', 'd', 'e']
```

使用切片修改列表中的元素：

```
>>> t
['a', 'b', 'c', 'd', 'e']
>>> t[1:3] = ['2', '1']                     #将 t[1]和 t[2]的值分别修改为'2'和'1'
>>> t
['a', '2', '1', 'd', 'e']
```

5. 列表的方法

列表的排序方法举例如下：

```
>>> t = ['a', 'b']
>>> t.append('c')                           #在列表尾部添加元素'c'
>>> t
['a', 'b', 'c']
>>> t1 = ['a', 'b']
>>> t2 = ['c', 'd']
>>> t1.extend(t2)                           #扩充列表 t1
>>> t1
['a', 'b', 'c', 'd']
>>> t2                                      #列表 t2 不变
['c', 'd']
>>> t = ['d', 'b', 'a']
>>> t.sort()                                #对列表 t 进行排序,默认为升序
>>> t                                       #排序后的列表 t
['a', 'b', 'd']
```

如果事先知道拟删除的元素下标，可以使用 pop()方法：

```
>>> t = ['a', 'b', 'c']
>>> x = t.pop(1)                        #删除下标为 1 的元素
>>> x                                   #pop()方法的返回值是被删除的元素
'b'
>>> t                                   #查看列表 t
['a', 'c']                              #元素'b'已被删除
```

也可以使用 del 方法删除(Delete)列表元素:

```
>>> t
['a', 'c']
>>> del t[1]
>>> t                                   #列表 t 中只剩下一个元素
['a']
```

还可以使用 remove()方法删除列表元素:

```
>>> t = ['a', 'b', 'c']
>>> t.remove('b')
>>> t
['a', 'c']
>>> t = ['a', 'b', 'c', 'b']            #列表 t 中有两个相同的元素'b'
>>> t.remove('b')                       #仅删除左侧第 1 个'b'
>>> t
['a', 'c', 'b']
```

将切片与 del 方法相结合,可以一次删除多个元素:

```
>>> t = ['a', 'b', 'c', 'd', 'e']
>>> del t[1:3]                          #删除 t[1]和 t[2]
>>> t
['a', 'd', 'e']
>>> numbers = [1, 3, 2]
>>> len(numbers)                        #查看列表的长度
3
>>> 3 in numbers                        #检查元素 3 是否在列表 numbers 中
True
```

列表支持的方法还有多个,在此不再赘述,可以使用 dir()函数查看这些方法的完整列表:

```
>>> dir(list)                           #输出结果:略
```

6. 字符串转换为列表

可以将字符串转换为列表:

```
>>> s = 'good'
```

```
>>> t = list(s)
>>> t
['g', 'o', 'o', 'd']
```

使用 split()方法将一个字符串切分为列表：

```
>>> s = "amazing China"
>>> t = s.split()
>>> t
['amazing', 'China']
```

可通过可选参数 delimiter 指定单词之间的分隔符，其默认值为空格①：

```
>>> s = "美-丽-中-国"
>>> delimiter = '-'
>>> s.split(delimiter)
['美', '丽', '中', '国']
```

join()的功能与 split()的功能相反，它将列表中的元素用指定的字符连接起来：

```
>>> t = ['just', 'for', 'fun']
>>> delimiter = '-'
>>> delimiter.join(t)
'just-for-fun'
>>> delimiter = " "
>>> delimiter.join(t)                    #可以直接写为" ".join(t)
'just for fun'
```

7. 字符串赋值

将字符串 apple 赋值给变量 a：

```
>>> a = "apple"
```

将同样的字符串 apple 赋值给变量 b：

```
>>> b = "apple"
>>> a is b
True
```

由上述代码的执行结果可以看出：a 和 b 指向同一个字符串。其实 Python 只创建了一个字符串对象，然后让 a 和 b 都指向它，如图 2-4 所示。

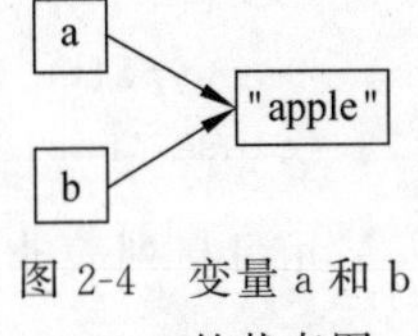

图 2-4　变量 a 和 b 的状态图

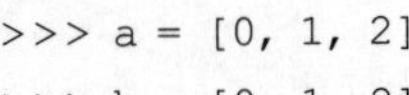

```
>>> a = [0, 1, 2]
>>> b = [0, 1, 2]
```

① Python 语言将' '、\f、\n、\r、\t 和\v 等字符都视为空格字符。

```
>>> a is b
False
```

列表的情况与上述情况不同,虽然两个列表中的元素相同,但它们是两个不同的对象,如图 2-5 所示。

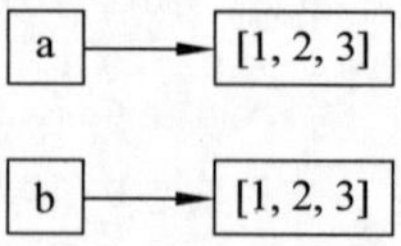

再看一种情况:

```
>>> a = [1, 2, 3]
>>> b = a
>>> b is a
True
```


图 2-5 列表 a 和 b 的状态图

同图 2-4 中的情况类似,a 指向列表[1, 2, 3],b 也指向该列表。

2.4.2 元组

元组(Tuple)是由一系列值构成的。元组中的值可以是任意类型。元组的元素是通过下标访问的。显然,元组与列表在很多方面都是类似的。不过元组与列表有一个最大的不同点,那就是元组是不可改变的(immutable)。

创建元组需要将元素放在一对小括号()里面,元素之间用逗号隔开:

```
>>> t1 = tuple()                        #创建空元组 t1
>>> t1
()
>>> t2 = ()                             #创建空元组 t2
>>> t2
()
>>> t = ('a', 'b')
>>> type(t)                             #变量 t 的类型为元组
<class 'tuple'>
```

在创建仅包含一个元素的元组时,在该元素的后面必须添加一个逗号:

```
>>> t = ('a')
>>> type(t)
<class 'str'>                           #变量 t 的类型为字符串,不是元组
>>> t = ('a',)                          #元素后面必须添加一个逗号
>>> type(t)                             #变量 t 的类型为元组
<class 'tuple'>
```

元组与列表非常类似,大多数列表操作符都可以用在元组上:

```
>>> t = tuple("good")                   #将字符串"good"转换为元组
>>> t
('g', 'o', 'o', 'd')
>>> t[3]                                #通过下标访问元组的元素
```

```
'd'
>>> t[:2]                                  #切片,得到元组的 t[0]和 t[1]两个元素
('g', 'o')
```

元组是不可变的,一旦创建就不能修改它的元素值,也无法增加或删除元素。Python 解释器对元组做了大量优化,因此它的访问速度比列表快很多。

```
>>> t[0] = 'f'                             #修改元组 t 的第一个元素的值,失败
Traceback (most recent call last):
  File "<pyshell#189>", line 1, in <module>
    t[0] = 'f'
TypeError: 'tuple' object does not support item assignment
```

由上述代码的执行结果可以知道:元组是不可改变的。

```
>>> t = ('f',) + t[1:]
>>> t                                      #变相修改元组 t 的元素
('f', 'o', 'o', 'd')
>>> x = (1, 2, 5, 3, 5)
>>> x.count(5)                             #统计元组 x 中值等于 5 的元素个数
2
>>> x.count(10)
0
>>> x.index(2)                             #元素 2 的下标
1
>>> 1, 3                                   #用逗号分隔的数据被看作元组
(1, 3)
```

假如变量 a 和 b 的值分别为 1 和 2,想要将 a 和 b 的值互换,需要执行以下三条语句:

```
>>> temp = a
>>> a = b
>>> b = temp
```

显然这种方式非常麻烦,Python 语言提供了一种优雅的解决方案——元组赋值:

```
>>> a = 1
>>> b = 2
>>> a, b = b, a                            #元组赋值
>>> a
2
>>> b
1
>>> a, b = 3, 2, 4                         #错误,左边的变量个数与右边值的个数不相等
>>> addr = "whui@qq.com"
>>> username, domain = addr.split('@')
>>> username
```

```
'whui'
>>> domain
'qq.com'
```

2.4.3 集合

Python 语言的集合概念与数学的集合概念是一致的。集合中的元素不允许重复，并且其中的元素没有顺序。大括号"{}"或函数 set()都可用来创建集合。注意：要创建一个空集合，必须使用 set()函数，而不能用大括号"{}"，因为后者创建的实际上是一个空字典(参见 2.4.4 节)。

集合的基本用途包括成员资格测试和消除重复元素。

```
>>> st = set()                              #创建一个空集合
>>> st
set()
>>> type(st)                                #变量 st 的类型为集合
<class 'set'>
>>> st = {1, 5, 7, 3}                       #创建集合 st
>>> basket = {'apple', 'orange', 'apple', 'pear'}
>>> basket
{'orange', 'pear', 'apple'}                 #只剩一个 apple 元素
>>> 'apple' in basket                       #元素 apple 属于集合 basket
True
>>> 'lemon' in basket                       #元素 lemon 不属于集合 basket
False
```

集合支持并集(Union)、交集(Intersection)、差分(Difference)和对称差分(Symmetric Difference)等运算。

```
>>> st1 = {1, 2, 3}
>>> st2 = {2, 3, 4}
>>> st1 - st2                               #求差集
{1}
>>> st1.difference(st2)                     #另一种方式求差集
{1}
>>> st1 | st2                               #求并集
{1, 2, 3, 4}
>>> st1.union(st2)                          #另一种方式求并集
{1, 2, 3, 4}
>>> st1 & st2                               #求交集
{2, 3}
>>> st1.intersection(st2)                   #另一种方式求交集
{2, 3}
>>> st1 ^ st2                               #求对称差集
```

```
{1, 4}
>>> st1.symmetric_difference(st2)      #另一种方式求对称差集
{1, 4}
```

2.4.4 字典

字典是一个无序的键-值对集合，并且其键必须是唯一的，不能有重复的键。与列表等数据类型不同，字典以键作为索引，任何不可变序列都可以作为键，如整数、字符串等。大括号"{}"或者函数 dict()都可以创建一个空字典。

```
>>> dt1 = {}                           #创建一个空字典
>>> dt1
{}
>>> type(dt1)                          #变量 dt1 的类型为字典
<class 'dict'>
>>> dt2 = dict()                       #另一种方式创建一个空字典
>>> dt2
{}
>>> type(dt2)                          #变量 dt2 的类型为字典
<class 'dict'>
```

字典中的元素，即键-值对之间用逗号分隔：

```
>>> dt = {'one':1, 'two':2, 'three':3}
>>> dt
{'three': 3, 'one': 1, 'two': 2}
>>> dt['two']                          #键 two 对应的值
2
>>> dt['two'] = 22                     #更新键 two 对应的值为 22
>>> dt
{'three': 3, 'one': 1, 'two': 22}
>>> dt['four']                         #错误，不存在键 four
Traceback (most recent call last):
  File "<pyshell#28>", line 1, in <module>
    dt['four']
KeyError: 'four'
>>> dt['four'] = 4                     #添加新的键-值对
>>> dt
{'three': 3, 'four': 4, 'one': 1, 'two': 22}
>>> del dt['two']                      #删除键 two 及其对应的值
>>> dt
{'three': 3, 'four': 4, 'one': 1}
```

keys()方法返回字典的所有键；values()方法返回字典的所有值；而 items()方法返

回字典的所有键值对：

```
>>> list(dt.keys())                        #返回字典 dt 所有键的列表
['three', 'four', 'one']
>>> sorted(dt.keys())                      #返回字典 dt 所有键的列表并排序(默认升序)
['four', 'one', 'three']                   #按照字母顺序排序
>>> list(dt.values())                      #返回字典 dt 所有值的列表
[3, 4, 1]
>>> sorted(dt.values())                    #返回字典 dt 所有值的列表并排序(默认升序)
[1, 3, 4]
>>> 'four' in dt                           #检验字符串 four 是不是字典 dt 的键
True
>>> 'five' in dt                           #检验字符串 five 是不是字典 dt 的键
False
```

使用 dict()函数直接从键-值对序列构建字典：

```
>>> dict([('good', 'luck'), ('hello', 'world')])
{'hello': 'world', 'good': 'luck'}
```

另一种构建字典的方法：

```
>>> dict(good='luck', hello='world')
{'hello': 'world', 'good': 'luck'}
```

字典提供了一种神奇的方法 get()，当一个指定的键不存在时，该方法返回指定的值。例如：

```
>>> dt
{'three': 3, 'four': 4, 'one': 1}
>>> dt.get('four')                      #字典 dt 中存在键 four,此时返回其对应的值 4
4
>>> dt.get('five', 'Not Exists')        #指定的键 five 不存在,返回指定的值 Not Exists
'Not Exists'
```

字典的 setdefault()方法用于返回指定键对应的值，如果字典中不存在该键，则添加该键-值对：

```
>>> dt.setdefault('five', 5)               #键 five 不存在,因此添加该元素
5
>>> dt                                     #新的键-值对已添加
{'five': 5, 'three': 3, 'four': 4, 'one': 1}
```

元组、整数和字符串都是不可变的，或者说是可哈希的(Hashable)，因此都可以用作字典的键；而列表、集合和字典是可变的，或者说不是可哈希的，因此不能用作字典的键。下面举例说明列表是不可哈希的。

```
>>> lt = [1, 5, 7, 3]
```

```
>>> id(lt)
52120192
>>> lt.sort()                              #默认为升序排列
>>> lt                                     #列表 lt 中元素的顺序发生了改变
[1, 3, 5, 7]
>>> id(lt)                                 #可是其存储地址却没有改变
52120192
>>> lt.append(5)
>>> lt                                     #列表 lt 中的元素也发生了改变
[1, 3, 5, 7, 5]
>>> id(lt)                                 #其存储地址依然没有改变
52120192
```

由上述示例可知：列表确实是不可哈希的。一种数据类型，如果能够做到"同值同址，不同值不同址"，那么它就是可哈希的。可以使用 hash()函数判断一个对象是否可哈希：

```
>>> lt = [1, 7, 5, 3]
>>> hash(lt)                               #发生错误!列表不可哈希
Traceback (most recent call last):
  File "<pyshell#12>", line 1, in <module>
    hash(lt)
TypeError: unhashable type: 'list'
```

2.5 基本的输入输出函数

1. input()输入函数

功能：用于从控制台(Console)获取用户的输入信息(直至遇到回车换行符)。无论用户输入的内容是什么，input()函数都会以字符串的形式返回输入的内容。input()函数还可以包含一些提示信息：

```
<变量>= input(<提示信息>)
>>> a = input("请输入一个整数:")           #提示信息可以省略,此时 a = input()
```

请输入一个整数：5

```
>>> a
'5'
>>> a = input("请输入一行实数,以逗号间隔:")
```

请输入一行实数，以逗号间隔：1，2，1.5

```
>>> a
'1, 2, 1.5'
```

2. print()输出函数

功能：用于输出运算结果。常见的用法有以下三种。

第一种：用于输出单个数值(如字符串、常量、变量等)。

```
print(<待输出的单个数值>)
>>> a = 5
>>> print(a)
5
>>> print(10)
10
>>> print("不忘初心、牢记使命!")
不忘初心、牢记使命!
```

第二种：用于输出多个数值(如字符串、常量、变量等)。

```
print(<值 1>, <值 2>, ... , <值 N>)
>>> print(1, 2)
1 2
>>> print("I", " love", " China")
I  love  China
>>> a, b = 1, 2
>>> print(a, b)
1 2
```

第三种：按规定的字符串模板输出运算结果，此时需要与 format()函数配合使用。

```
>>> a, b = 5, 6
>>> print("{}和{}的乘积是{}".format(a, b, a*b))
5 和 6 的乘积是 30
```

在上述代码中"{}和{}的乘积是{}"是输出字符串模板，{}叫槽(Slot)。槽的编号默认从左到右依次为 0,1,2…也就是说，该输出字符串模板的完整形式是"{0}和{1}的乘积是{2}"，其中"{0}""{1}"和"{2}"将分别被 a、b 和 a * b 的值代替。

```
>>> print("{1}和{0}的乘积是{2}".format(a, b, a*b))
6 和 5 的乘积是 30                               #输出结果发生了细微变化
```

print()函数的原型：print(value, ..., sep=' ', end='\n', file=sys.stdout, flush=False)

此处暂时不用管 file 和 flush 这两个参数的作用。参数 sep 是输出的多个数值之间的分隔符(Separator)；参数 end 是在输出的末尾添加的符号，其默认值为回车换行符。

```
>>> a = 24
>>> print(a, end='.')                          #以英文句号结尾
24.
>>> print(a, end='%')                          #以百分号结尾
24%
>>> print(1, 2, 3, sep=':', end="#")
```

```
1:2:3#
```

3. eval()评估函数(Evaluate)

功能：eval(s)去掉字符串 s 最外层的引号，然后执行 s。

```
<变量>= eval(<字符串>)
>>> a = eval("1.2")
>>> a
1.2
>>> a = eval("1.2+3.4")
>>> a
4.6
>>> x = 3
>>> eval("x ** 2")
9
>>> a = eval("fun")                                  #变量 fun 未定义
Traceback (most recent call last):
  File "<pyshell#8>", line 1, in <module>
    a = eval("fun")
  File "<string>", line 1, in <module>
NameError: name 'fun' is not defined
>>> fun = 12                                         #定义变量 fun 并赋值
>>> a = eval("fun")
>>> a
12
```

eval()函数经常与 input()函数配合使用，以获取用户的输入：

```
<变量>= eval(input(<提示性文字>))
>>> num = eval(input("请输入一个数值:"))
请输入一个数值:5
>>> print(num *  * 2)
25
```

2.6 小　　结

本章讲述 Python 语言的两种数据类型：基本型和组合型。基本型包括数值型和字符串型。数值型又进一步细分为整型、浮点型和复数。组合型包括列表、元组、集合和字典。在数值部分，讲述了各种运算操作符和运算函数；在字符串部分，讲述了字符串操作符、处理函数和方法；另外还涉及各种数据类型的相互转换。重点是各种组合数据类型的创建，以及灵活使用它们支持的各种方法。难点是字符串的切片函数 slice()和格式函数 format()的灵活使用。

练习题 2

1. 编程计算下列各表达式的值：

(1) 5 + 6　　(2) 5 - 6　　(3) 5 * 6　　(4) 10 / 4

(5) 10 // 4　　(6) 10 % 4　　(7) 2 ** 4

2. 使用数值运算函数计算：

(1) 求-5的绝对值。

(2) 求复数8+6j的实部、虚部和模。

(3) 使用divmod()函数计算5除以3的整商和余数。

(4) 使用两种方法计算5的3次幂(只要有一种方法使用数值运算函数即可)。

(5) 将3.1415926进行四舍五入,保留3位小数。

(6) 求一组数据1,7,4,8,10,3中的最大值和最小值。

3. 已知字符串goodluck,请输出其中的第4个字符d和最后一个字符k。

4. 已知字符串goodluck,请输出其中的子串od。

5. 已知字符串god,请将其逆序输出。

6. 计算字符串Amazing和“辉煌中国”的长度。

7. 判断L是不是字符串Hello中的字符。

8. 求汉字“和”的Unicode码。

9. 求Unicode码22825对应的字符。

10. 将字符串Good和Luck拼接成Good Luck(注意中间有一个空格)。

11. 使用字符串Good生成一个新的字符串GoodGoodGood。

12. 将字符串“1,2,3”切分开,得到一个列表。

13. 计算子串ab在字符串abcab中出现的次数。

14. 将字符串“考试说明”以10列居中输出,左右两侧用字符“+”填充。

15. 计算表达式'aaasdf'.lstrip('as')的值。

16. 计算表达式'aaasdf'.strip('af')的值。

17. 计算表达式":".join('hello world'.split())的值。

18. 计算表达式":".join('a b c d'.split(maxsplit=2))的值。

19. 已知字符串x = 'hello world',求执行语句x.replace('hello', 'hi')后x的值。

20. 编写代码去掉字符串“　Hello World　”中左右两侧的空格,得到字符串“Hello World”。

21. 求一个四位数5618各个数位上的数字之和。

第3章

运　算　符

在 Python 中,运算符(operator)是一种特殊的符号,表示应该执行某种计算。运算符作用的对象称为操作数(operand):

```
>>> a = 1
>>> b = 2
>>> a + b                                   #“+”叫作运算符,变量 a 和 b 叫作操作数
3
```

用运算符和括号将操作数连接起来的、符合 Python 语法规则的式子,称为表达式(expression),如 a+b−5。

3.1　算术运算符

Python 语言中一共有 9 个算术运算符,如表 3-1 所示。

表 3-1　算术运算符

运算符	类别	意义	示例	说　明
+	一元	正号	+a	正号
+	二元	求和	a + b	求 a 与 b 的和
−	一元	负号	−a	负号
−	二元	求差	a − b	求 a 和 b 的差
*	二元	乘法	a * b	求 a 和 b 的乘积
/	二元	除法	a / b	求 a 除以 b 的商,结果为浮点数
%	二元	求余数	a % b	求 a 除以 b 的余数
//	二元	求整商	a // b	求 a 除以 b 的商(F 取整)
**	二元	幂运算	a ** b	求 a 的 b 次幂

```
>>> a = 3
>>> b = 2
>>> +a
3
>>> -a
-3
>>> a + b
5
>>> a - b
1
>>> a * b
6
>>> a / b
1.5
>>> a % b
1
>>> a ** b
9
```

注意：除法运算的结果总是一个浮点数：

```
>>> 6 / 3                                 #结果不是 2 而是 2.0,与 C 语言不同
2.0
>>> 5 / 2                                 #与 C 语言不同
2.5
```

注意：求整商"//"的计算结果：

```
>>> 5 // 2                                #2.5 下取整为 2
2
>>> 5 // -2                               #-2.5 下取整为-3
-3
>>> -5 // 2                               #-2.5 下取整为-3
-3
>>> -5 // -2                              #2.5 下取整为 2
2
```

n % m 的计算结果是 [0，m-1]。求余运算的一个应用场景是求一个多位数各个数位上的数字：

```
>>> num = 351
>>> num %10                               #得到 num 个位上的数字
1
>>> num // 100                            #得到 num 百位上的数字
3
>>> num // 10 %10                         #得到 num 十位上的数字
```

```
5
```

Python 语言的内置函数 divmod()，用来同时计算整商和余数；函数 pow()用来执行幂运算：

```
>>> a, b = divmod(41, 7)
>>> a                                  #a = 41 // 7
5
>>> b                                  #b = 41 % 7
6
>>> pow(5, 2)                          #相当于计算 5 ** 2,求幂(Power)
25
>>> pow(5, 2, 3)                       #相当于计算 5 ** 2 %3
1
```

3.2 比较运算符

Python 语言中一共有 6 个比较运算符，如表 3-2 所示。

表 3-2 比较运算符

运算符	意　义	示例	说　明
==	等于	a == b	如果 a 等于 b，则结果为 True；否则为 False
!=	不等于	a != b	如果 a 不等于 b，则结果为 True；否则为 False
<	小于	a < b	如果 a 小于 b，则结果为 True；否则为 False
<=	小于或等于	a <= b	如果 a 小于或等于 b，则结果为 True；否则为 False
>	大于	a > b	如果 a 大于 b，则结果为 True；否则为 False
>=	大于或等于	a >= b	如果 a 大于或等于 b，则结果为 True；否则为 False

```
>>> a = 1
>>> b = 2
>>> a == b
False
>>> a != b
True
>>> a <= b
True
>>> a >= b
False
```

有些浮点数在计算机内部不能精确地存储：

```
>>> x = 1.1 + 2.2
>>> x == 3.3                           #不能精确存储导致两者不相等
```

```
False
```

因此，确定两个浮点数是否"相等"的首选方法，在给定误差(Tolerance)的情况下，计算它们是否彼此接近：

```
>>> tolerance = 0.00001
>>> x = 1.1 + 2.2
>>> abs(x -3.3) < tolerance          #求绝对值函数 abs()
True
```

此时可以认为 x 等于 3.3。

3.3 逻辑运算符

Python 语言中一共有 3 个逻辑运算符，如表 3-3 所示。

表 3-3 逻辑运算符

运算符	示例	说 明
not	not x	如果 x 为 False，则结果为 True；否则结果为 False
or	x or y	如果 x 和 y 都为 False，则结果为 False；否则结果为 True
and	x and y	如果 x 和 y 都为 True，则结果为 True；否则结果为 False

在逻辑表达式的求解过程中，并不是所有的表达式都会被执行，只有在必须执行下一个表达式才能得到最终的解时，才会执行该表达式，这种特性叫作短路求值(Short-Circuit Evaluation)。

```
>>>x = 1
>>> not x < 2                        #x < 2 为 True,因此结果为 False
False
>>> x < 2 or 0 > 1                   #x < 2 为 True,因此结果为 True
True                                 #短路求值,不执行第二个表达式 0 > 1
>>> x < 0 or 2 < 1                   #x < 0 为 False,2 < 1 为 False,因此结果为 False
False
>>> x < 0 and 2 > 1                  #x < 0 为 False,因此结果为 False
False                                #短路求值,不执行第二个表达式 2 > 1
>>> x > 0 and 2 > 1                  #x > 0 为 True,2 > 1 为 True,因此结果为 True
True
```

在布尔上下文求值时，下列所有数据都被看作 False：

(1) 布尔值 False；

(2) 任何数值为零的值，如 0、0.0、0.0+0.0j；

(3) 空字符串；

(4) 空的组合数据类型，如空列表、空元组、空集合、空字典；

(5) None。

```
>>> bool(0), bool(0.0), bool(0.0+0j)          #0、0.0 和 0.0+0j 都为 False
(False, False, False)
>>> bool(-1), bool(1.1), bool(1+1j)           #-1、1.1 和 1+1j 都为 True
(True, True, True)
>>> bool(''), bool(None), bool(False)         #空字符串''、None 和 False 都为 False
(False, False, False)
>>> bool('fun'), bool(' ')                    #字符串 fun 和空格“”都为 True
(True, True)
>>> bool(list()), bool(tuple())               #空列表 list()和空元组 tuple()都为 False
(False, False)
>>> bool(set()), bool(dict())                 #空集合 set()和空字典 dict()都为 False
(False, False)
```

下列逻辑表达式中使用了非布尔操作数：

```
>>> x = 1
>>> y = 2
>>> x and y
2
>>> x or y                                    #短路求值，因为 x 为 True
1
>>> bool(x)                                   #x 的值为 1，等价于 True
True
>>> not x
False
>>> x = 0.0
>>> y = 1.1
>>> x and y                                   #短路求值
0.0
>>> x or y
1.1
>>> bool(x)                                   #x 的值为 0.0，等价于 False
False
>>> not x
True
```

在某些情况下，利用短路求值可以编写出既简洁又高效的代码。假如有两个变量 a 和 b，想要知道表达式 b / a 是否大于 0：

```
>>> a = 2
>>> b = 1
>>> (b / a) >0
True
```

考虑到 a 可能为 0,此时,解释器会引发异常:

```
>>> a = 0
>>> b = 1
>>> (b / a) >0
Traceback (most recent call last):
  File "<pyshell#136>", line 1, in <module>
    (b / a) >0
ZeroDivisionError: division by zero
```

为了避免引发异常,可以这样修改代码:

```
>>> a !=0 and (b / a) >0
False
```

当 a 为 0 时,a != 0 为 False,短路求值特性确保第二个表达式(b / a) > 0 不被计算,从而避免引发异常。实际上,上述代码还可以编写得更简洁。当 a 为 0 时,a 本身就等价于 False,因此不需要显式地比较 a != 0:

```
>>> a and (b / a) >0                    #a 非 0 时,才会计算第 2 个表达式
0
```

3.4 位运算符

位运算符将操作数看作二进制数字序列,并对其逐位操作。Python 语言支持的位运算符如表 3-4 所示。

表 3-4 位运算符

运算符	示 例	意 义	说 明
&	a & b	按位与	对应位的与运算,只有两者都是 1,才为 1;否则为 0
|	a | b	按位或	对应位的或运算,只要有一个为 1,则为 1;否则为 0
~	~a	按位取反	将每一位都逻辑求反,如果为 0,则为 1;如果为 1,则为 0
^	a ^ b	按位异或	对应位的异或运算,如果两者不同,则为 1;否则为 0
>>	a >> n	按位右移	将每一位都向右移动 n 位
<<	a << n	按位左移	将每一位都向左移动 n 位

```
>>> 0b1100 & 0b1010
8
>>> bin(8)                              #将十进制数 8 转换为二进制数
'0b1000'
>>> 0b1100 | 0b1010
```

```
14
>>> bin(14)                                  #将十进制数 14 转换为二进制数
'0b1110'
>>> 0b1100 ^ 0b1010
6
>>> bin(6)                                   #将十进制数 6 转换为二进制数
'0b110'
>>> 0b1100 >>2
3
>>> bin(3)
'0b11'
>>> 0b1100 <<2
48
>>> bin(48)
'0b110000'
>>> ~0b1100                                  #二进制数 1100 等于十进制数 12
-13                                          #因此~12 等于-13
>>> bin(-13)
'-0b1101'
```

读者可以验证一下～12 等于－13 这一事实。注意，数据在计算机内部是以补码的形式存储的。

3.5 恒等运算符

Python 提供了两个恒等运算符(identity operator)is 和 is not，用于确定两个操作数是否恒等，即引用同一个对象。下面是两个相等但不相同的对象(不恒等)：

```
>>> x = 1001
>>> y = 1000+1
>>> print(x, y)
1001 1001
>>> x == y
True
>>> x is y
False
>>> y is x
False
```

变量 x 和 y 都指向值为 1001 的对象，它们是相等的，但它们引用的不是同一个对象，这可以使用 id()函数进行验证：

```
>>> id(x)
2685066139824
```

```
>>> id(y)
2685066141040
```

当执行 y=x 这样的赋值操作时，Python 只创建对同一个对象 x 的第二个引用 y：

```
>>> a = "just for test"
>>> b = a
>>> id(a)
2685066109872
>>> id(b)
2685066109872                         #变量 a 和 b 指向同一段内存地址
>>> a is b                            #变量 a 和 b 指向同一个对象
True
>>> a == b                            #变量 a 和 b 的值相等
True
```

运算符 is not 与 is 的逻辑功能相反：

```
>>> x = 5
>>> y = 10
>>> x is not y
True
```

3.6 运算符的优先级

在求解表达式的值时，必须按照运算符的优先级从高到低的顺序执行（括号除外）。表 3-5 按照优先级从低到高的顺序列出 Python 的部分运算符。

表 3-5 运算符的优先级

运 算 符	说 明
or	逻辑或
and	逻辑与
not	逻辑非
==,!=,<,<=,>,>=,is,is not	优先级相同
|	按位或
^	按位异或
&	按位与
<<,>>	按位左移、按位右移
+,-	加、减
*,/,//,%	乘、除、求整商、求余数
+x,-x,~x	正号、负号、按位取反
**	幂运算

```
>>> 2 * 3 ** 2 * 4                              #先计算 3 ** 2,然后自左向右按顺序计算
72
```

可以使用小括号改变运算符的执行顺序：

```
>>> 10 + 2 * 5
20
>>> (10 + 2) * 5
60
```

有时使用小括号不是想要改变计算的先后顺序，而是为了提高代码的可读性，这是一种好的编程实践，避免了读者记忆运算符优先级的烦恼：

```
>>> (a <10) and (b >20)                         #推荐的做法,尽管小括号是多余的
>>> a <10 and b >20                             #不推荐
```

3.7 复合赋值运算符

在赋值符"＝"之前加上其他运算符，就构成了复合赋值运算符。如在"＝"前加一个"＋"运算符就构成复合赋值运算符"＋＝"。

```
a + =1 等价于a = a +1
a % =3 等价于a = a %3
a ^ =5 等价于a = a ^ 5
```

算术运算符支持此种用法：

```
+=、-=、* 、=、/=、%=、//=、**=
```

位运算符也支持此种用法：

```
&=、|=、^=、>>=和<<=
>>> a = 1
>>> a += 5
>>> a
6
```

3.8 小　　结

本章讲述了各种运算符的用法，包括算术运算符、比较运算符、逻辑运算符、位运算符等。将赋值符"＝"与其他运算符相结合就构成了复合赋值运算符，如"＋＝"。另外，逻辑运算符还有一个短路求值特性，利用这一特性可以编写更简洁、更高效的代码。

练习题 3

1. 已知 x = 3，执行 x *= 2 + 1 语句后 x 的值等于________。
2. 如果数据在计算机内部用 1 个字节存储，则 −5 的补码为________。
3. 代码 5 > 3+2 的执行结果是________。
4. 请举例说明短路求值特性。
5. 请问代码(0.4−0.1) == 0.3 的执行结果是什么？为什么会有这样的结果？
6. 请写出下列各表达式的值：

(1) bool(1.0+1.0j)　　(2) bool(0.0)　　(3) bool(None)

(4) bool(list())　　(5) bool('hello')　　(6) bool(1)

7. 已知 x = 5，y = 3，求下列各表达式的值：

(1) x or y　　(2) x and y　　(3) not x

8. 已知 a = 0b110，b = 0b101，求下列各表达式的值：

(1) a & b　　(2) a | b　　(3) a ^ b

(4) ~a　　(5) a >> 1　　(6) b << 1

9. 已知 a = 'hello'，b = a，求 a == b 的执行结果。
10. 写出整数 254 的个位数字、十位数字和百位数字的表达式。

第4章

控制结构

控制结构包括选择结构和循环结构，其中选择结构又包括单分支结构、双分支结构和多分支结构；循环结构包括 for 循环和 while 循环。

4.1 选择结构

选择结构有三种使用形式，分别是单分支结构、双分支结构和多分支结构。首先学习单分支结构，其一般形式如下：

```
if <条件>:
    <语句块>
>>> a = 6
>>> if a > 5:
    print("a > 5")
```

程序的输出结果如下：

```
a >5
```

第二种是双分支结构，其一般形式如下：

```
if <条件>:
    <语句块 1>
else:
    <语句块 2>
```

示例如下：

```
a = -5
if a >0:
    sign = 1
else:
    sign = -1
print(sign)
```

上述代码的执行结果如下：

```
-1
```

第三种多分支结构，其一般形式如下：

```
if <条件 1>:
    <语句块 1>
elif <条件 2>:
    <语句块 2>
...
else:
    <语句块 N>
```

下面的程序获取用户输入的一个百分制成绩，然后将其转换成五分制，输出对应的A、B、C、D、E 等级。

```
score = eval(input("请输入一个百分制成绩:"))
if score >=90.0:
    grade = "A"
elif score >=80.0:
    grade = "B"
elif score >=70.0:
    grade = "C"
elif score >=60.0:
    grade = "D"
else:
    grade = "E"
print("对应的五分制成绩:", grade)
```

运行上述代码，输入 70，观察程序的输出结果：

```
>>>
请输入一个百分制成绩:70
对应的五分制成绩:C
```

再看一个例子：

```
num = eval(input("请输入一个数:"))
if(type(num) == type(1)):
    print("输入的数据是整数。")
elif(type(num) == type(1.0)):
    print("输入的数据是浮点数。")
else:
    print("输入的数据不是整数或浮点数。")
```

上述代码中 type(1)代表整数类型，type(1.0)代表浮点数类型，此处的 1 和 1.0 是从它们所代表的数字类型中任意选取的。

程序的一次运行结果：

```
请输入一个数:100
```

输入的数据是整数。

4.2 循环结构

Python 语言提供了两种循环结构，分别是 for 循环和 while 循环。首先看 for 循环的用法，示例如下：

```
words = ['I', 'love', 'China']
for word in words:
    print(word, len(word))
```

程序的输出结果如下：

```
I 1
love 4
China 5
```

上述循环的执行过程：变量 word 依次获取 words 列表中的元素，然后进行相关处理。

再看一个例子：

```
>>> for char in "Python":
    print(char, end=' ')
```

程序的输出结果如下：

```
Python
```

此处穿插讲解 Python 语言的内置模块 range，它可以用来产生一组数据，其完整的使用形式为 range(start, stop, step)，其中 start、stop 和 step 分别表示一组数据的起点(默认值为 0)、终点(不包括)和步长(默认值为 1)。下面给出几个例子：

```
range(5)                            #生成 0、1、2、3、4 共五个整数
range(5, 10)                        #生成 5、6、7、8、9 共五个整数
range(0, 10, 3)                     #生成 0、3、6、9 共四个整数
```

将 range 与 len()函数结合使用：

```
>>> a = ['Mary', 'had', 'a', 'little', 'lamb']
>>> for i in range(len(a)):
    print(i, a[i])
```

程序的输出结果如下：

```
0 Mary
1 had
2 a
3 little
4 lamb
```

下面接着讲解 for 循环的使用。for 循环还有一种扩展形式，即与 else 分支搭配使用。当 for 循环正常结束时，程序会继续执行 else 分支中的语句。

```
for i in range(1, 5):
    print(i)
else:
    print('从 else 退出 for 循环')
```

程序的输出结果如下：

```
1
2
3
4
```

从 else 退出 for 循环。

接着学习 while 循环。首先看一个例子：

```
num = 1
while num < 6:
    print(num)
    num += 2
```

程序的输出结果如下：

```
1
3
5
```

与 for 循环一样，while 循环也有一种扩展形式，即与 else 分支搭配使用。当 while 循环正常结束时，程序会继续执行 else 分支中的语句。for 循环适用于循环次数已知的情况；而 while 循环适用于循环次数未知的情况。

4.3 break 语句和 continue 语句

与 C 语言一样，break 语句能够提前结束包含它的 for 循环或 while 循环的执行过程：

```
for i in range(1, 5):
    if i == 3:
```

```
        break
    print(i)
```

上述代码的输出结果：

```
1
2
```

由于 break 语句的存在，程序并没有输出 1～4 的所有整数，只输出了 1 和 2。另外，如果 for 循环或 while 循环是被 break 语句终止执行的，而不是正常结束的，那么与它们搭配使用的 else 分支将不被执行。

```
for i in range(1, 10):
    if i == 5:
        break
    print(i)
else:
    print("break语句使得else分支不被执行!")
```

上述代码的输出结果：

```
1
2
3
4
```

for 循环和 while 循环也可以嵌套使用。也就是说循环中还可以再包含一个或多个循环，这种类型的循环叫作两重循环或多重循环。下列代码输出 2～10 内的所有素数（除了 1 和自身，不能被小于它的整数整除）。

```
for n in range(2, 10):          #n的取值依次为2、3、4、5、6、7、8、9
    for x in range(2, n):       #x的取值从2~n-1
        if n %x == 0:           #检验n是否能被x整除
            break               #整除时提前终止内层的for循环
    else:                       #内层的for循环正常结束时,执行该else分支
        print(n)
```

上述代码的输出结果：

```
2
3
5
7
```

上述代码是一个二重循环的例子。

下面继续学习 continue 语句的使用。与 break 语句的使用方法类似，continue 语句也常常与 for 循环或 while 循环搭配使用。不同之处：continue 语句只是提前结束当前循环的执行，直接进入下一轮循环。

```
for i in range(4, 8):                          #变量 i 依次取值为 4、5、6、7
    if i == 5:
        continue
    print(i)
else:
    print("continue 语句的存在,不影响程序的正常结束!")
```

上述代码的输出结果(只是没有输出 5):

```
4
6
7
```

continue 语句的存在,不影响程序的正常结束。

下面是一个无限循环的例子:

```
>>> while True:
        pass                                   #用 Ctrl + c 中断程序的执行
```

上述代码中的 pass 语句不执行任何实际操作,仅起到占位符的作用。根据 Python 的语法要求,程序中有时需要有一条语句,该语句不需要执行任何实际动作,此时可以使用 pass 语句。

4.4 应用举例

1. 列表推导式

列表推导式(Comprehension)提供了创建列表的一种简便方法:

```
>>> x = [i for i in range(5)]
>>> x
[0, 1, 2, 3, 4]
```

下列代码得到[0, 4]范围内所有整数的平方:

```
>>> squares = []
>>> for x in range(5):
    squares.append(x ** 2)
>>> squares
[0, 1, 4, 9, 16]
```

用列表推导式实现上述功能:

```
>>> squares = [x ** 2 for x in range(5)]
>>> squares
[0, 1, 4, 9, 16]
```

由此可见列表推导式的用法非常简洁。

```
>>> [ x for x in range(10) if x %2==0 ]         #注意有 if 条件判断
[0, 2, 4, 6, 8]
>>> [x +y for x in [0, 2] for y in [1, 3]]
[1, 3, 3, 5]
```

上述代码等价于:

```
add = []
for x in [0, 2]:
    for y in [1, 3]:
        add.append(x+y)
print(add)
```

上述代码的输出结果:

```
[1, 3, 3, 5]
```

2. 集合推导式

由于种种原因,导致 Python 语言中没有元组推导式,而只有列表、集合和字典推导式。下面继续学习集合推导式:

```
>>> nums = {n ** 2 for n in range(5)}
>>> nums
{0, 1, 4, 9, 16}
>>> type(nums)                                  #变量 nums 的类型为集合
<class 'set'>
```

另举例如下:

```
>>> {i ** 2 for i in range(5)}
{0, 1, 4, 9, 16}
```

继续学习字典推导式:

```
>>> dt = {x:x**2 for x in (2, 4, 6)}
>>> dt
{2: 4, 4: 16, 6: 36}
>>> type(dt)                                    #变量 dt 的类型为字典
<class 'dict'>
>>> dict1 = {'a':1, 'b':2, 'c':3, 'd':4, 'e':5}
>>> dict2 = {k:v for k, v in dict1.items() if v>2}
>>> dict2
{'e': 5, 'd': 4, 'c': 3}
```

字典 dict2 保留的是字典 dict1 中值大于 2 的元素(键-值对)。

3. 字典推导式

当使用循环结构对字典进行遍历时，在默认情况下是遍历它的键：

```
>>> dt
{'three': 3, 'four': 4, 'one': 1}
>>> for k in dt:                                  #默认情况下遍历字典 dt 的键
    print(k)
```

上述代码的输出结果：

```
three
four
one
```

也可以明确地指出要遍历字典的键、值或元素：

```
>>> for k in dt.keys():                           #明确地指出遍历字典的键
    print(k)
```

上述代码的输出结果：

```
three
four
one
>>> for v in dt.values():                         #明确地指出遍历字典的值
    print(v)
```

上述代码的输出结果：

```
3
4
1
>>> for key, value in dt.items():                 #明确地指出遍历字典的元素
    print(key, '=>', value)
```

上述代码的输出结果：

```
three =>3
four =>4
one =>1
```

使用 for 循环遍历字符串：

```
fruit = "apple"
index = 0
while index <len(fruit):
    letter = fruit[index]
    print(letter)
```

```
    index = index + 1
```

上述代码的输出结果：

```
a
p
p
l
e
```

一种更简洁的实现方式如下：

```
fruit = "apple"
for char in fruit:
    print(char)
```

请读者尝试说出下列程序的输出结果。

```
word = "banana"
count = 0
for letter in word:
    if letter == 'n':
        count = count + 1
print(count)
```

4.5 小　　结

本章讲述了Python语言的控制结构，包括选择结构和循环结构。选择结构包括单分支、双分支和多分支三种形式。循环结构包括for循环和while循环，这两种循环都有一个可选的else分支。另外，break和continue语句还可以与for和while循环配合使用，以实现复杂的程序逻辑。本章最后给出了一些应用实例，主要是列表推导式、集合推导式和字典推导式。

练习题4

1. 已知word1 = 'apple'，word2 = 'orange'，请输出共同出现在这两个字符串中的字符。

2. 求列表score中元素的平均值：

```
score = [70, 90, 78, 85, 97]
```

3. 求200以内能被13整除的最大正整数。

4. 求 1～100 能被 7 整除，同时不能被 5 整除的所有整数。

5. 生成一个 5～12 的整数列表，然后逆序输出。

6. 输出 100～1000 所有的水仙花数。所谓水仙花数是指一个三位的十进制数，其各个数位上数字的立方和恰好等于该数本身。例如，153 是水仙花数，因为 $153=1^3+5^3+3^3$。

7. 使用嵌套循环，按照下面的格式打印字符：

```
$
$ $
$ $ $
$ $ $ $
$ $ $ $ $
```

8. 鸡兔同笼问题：现有鸡和兔 30 只，脚 90 只，问鸡和兔各有多少只？

9. 使用嵌套循环，按照下面的格式打印字母：

```
A
BC
DEF
GHIJ
KLMNO
```

第5章

函　数

函数(Function)是执行计算的命名语句序列。将一段代码封装为函数并在需要的位置进行调用,不仅可以实现代码的重复利用,更重要的是可以保证代码的完全一致。

5.1　函数的定义和使用

1. 函数的定义

函数定义(definition)的语法形式:

```
def 函数名([形参列表]):                    #[]表示可选,即一个函数可以没有形参
    ''' docstring '''                      #函数的功能说明,也就是文档字符串 docstring①
    函数体中的语句
```

Python 使用关键字 def 定义函数。关键字 def 后面有一个空格,然后是函数名,接下来是一对圆括号,圆括号里面是形式参数(formal parameter),圆括号后面是一个冒号和换行,最后是必要的注释以及函数代码。定义函数时需要注意如下几个问题:

(1) 一个函数即使不需要接收任何参数,也必须保留一对圆括号;

(2) 括号后面的冒号必不可少;

(3) 函数体(包括注释部分)相对于 def 关键字必须向右缩进一定数量的空格。

下面定义一个 add()函数,该函数接收两个形参 x1 和 x2。

```
def add(x1, x2):                           #函数头
    '''Return the sum of x1 and x2.'''
    return x1 + x2
```

在上述定义的 add()函数中,其函数体的第 1 行是注释,也就是文档字符串 docstring。在 Python 语言中有些工具利用 docstring 自动生成联机文档,使得用户可以方便地、交互式地浏览程序代码,如图 5-1 所示。编写代码时额外添加文档字符串 docstring 是一种好的编程实践,请注意培养这样的好习惯。

---

① docstring 代表文档字符串(documentation string)。

```
>>> def add(x1, x2):                                     # 函数头
        '''Return the sum of x1 and x2.'''               # 注意缩进
        return x1 + x2

>>> add.__doc__
'Return the sum of x1 and x2.'
>>> help(add)
Help on function add in module __main__:

add(x1, x2)
    Return the sum of x1 and x2.

>>> add(
          (x1, x2)
          Return the sum of x1 and x2.
```

图 5-1　函数定义中的文档字符串

在图 5-1 中，使用 add()函数的__doc__属性可以输出在该函数的定义中添加的文档字符串，也可以使用 Python 的内置函数 help()查看 add()函数的使用帮助。另外，在调用 add()函数时当输入左括号时，IDLE 等集成开发环境就会立即弹出该函数的使用帮助信息。

2. 函数的调用(call)

函数定义完毕并不能自动运行，只有被调用时才能运行。下面的代码用整数 1 和 2 调用 add()函数，该函数的返回值被赋值给变量 result。

```
result = add(1, 2)
print(result)
```

程序的运行结果：

```
3
```

上述调用 add()函数时使用的整数 1 和 2 是实际参数(actual parameter)，简称实参；而在函数头使用的参数是形式参数，简称形参。形参没有具体的值，形参的值来自实参。

3. 函数的返回值(return value)

通常，定义一个函数是希望它能够返回一个或多个计算结果，这在 Python 语言中是通过关键字 return 来实现的。无论 return 语句出现在函数的什么位置，一旦被执行，它都会立即结束函数的执行过程。如果在函数的定义中没有出现 return 语句或者执行了不返回任何值的 return 语句，Python 解释器就认为该函数以 return None 语句结束，即返回一个空值(None)。

下面定义一个 fib()函数，该函数能够输出任意指定范围内的斐波那契(Fibonacci)数列：

```
>>> def fib(n):
    '''Print a Fibonacci series up to n.'''
```

```
    a, b = 0, 1
    while a <n:
        print(a, end=' ')                    #输出变量 a 的值后,接着输出一个空格
        a, b = b, a+b                        #元组赋值
    print()                                  #输出一个空行
>>> fib(20)                                  #将 20 作为实参调用 fib()函数
```

上述代码的输出结果:

```
0 1 1 2 3 5 8 13
```

可以将一个函数名赋值给另外一个变量,使得该变量也可以作为函数使用:

```
>>> f = fib                                  #这是一种通用的重命名机制
>>> f(20)
0 1 1 2 3 5 8 13
```

由于上述定义的 fib()函数中没有 return 语句,因此 Python 解释器会自动返回一个空值。

```
>>> print(fib(5))                            #注意对比 fib(5)与 print(fib(5))的输出结果
0 1 1 2 3
None                                         #fib(5)不输出此行
```

再看一个例子:

```
>>> def demo():
    pass
>>> print(demo())
None
```

修改上述定义的 fib()函数,使其返回一个斐波那契数列,而不是在该函数中打印出该数列:

```
>>> def fib2(n):
    '''Return a list containing the Fibonacci series up to n.'''
    result = []
    a, b = 0, 1
    while a <n:
        result.append(a)
        a, b = b, a+b
    return result
>>> f100 = fib2(100)                         #调用 fib2()函数
>>> f100                                     #输出结果
[0, 1, 1, 2, 3, 5, 8, 13, 21, 34, 55, 89]
```

5.2 函数的参数类型

在函数的定义中,形参列表的一般形式为

<非可选参数>, …, <可选参数>=<默认值>, …

1. 非可选参数

没有给出默认值(default value)的参数都是非可选参数。在定义函数时,非可选参数必须出现在可选参数的前面。如在下面定义的 person()函数中,参数 name 就是一个非可选参数。在调用函数时,必须给非可选参数赋值。

2. 可选参数

带有默认值的参数都是可选参数。在定义函数时已经给可选参数指定了默认值。因此在调用一个函数时,如果没有给可选参数提供值,那么该函数就会使用其默认值。如在下面定义的 person()函数中,gender 和 age 都是可选参数,因此在调用 person()函数时,可以不给这些可选参数提供新值。

```
def person(name, gender='male', age=20):
    print('name:', name)
    print('gender:', gender)
    print('age:', age)
```

可以使用以下三种方式调用上述定义的 person()函数:

(1) 仅给非可选参数 name 赋值,如 person('Tim');

(2) 给非可选参数 name 和可选参数 gender 赋值,如 person('Tim', 'female');

(3) 给所有参数赋值,如 person('Smith', 'male', 30)。

3. 关键字参数

拥有参数名的参数都是关键字参数(这里所说的关键字不是指 Python 解释器内部定义并使用的关键字,如 if 等)。在 person()函数的定义中出现的三个参数都是关键字参数。使用关键字参数可以很方便地给形参赋值,而无须记住各个参数在函数定义中出现的先后顺序。

4. 可变长度参数

在 Python 语言中,可变长度参数有两种类型:一种是用单星操作符"*"定义的;另一种是用双星操作符"**"定义的。拥有第一种可变长度参数的函数能够接收任意数量的实参,这些实参被封装成一个元组:

```
def multiply(*args):                    #arg 代表 argument(参数)
```

```
    z = 1
    for arg in args:
        z *=arg
    print(z)
```

下面调用 multiply()函数：

```
multiply(4, 5)                          #输出结果为 20
multiply(10, 9)                         #输出结果为 90
multiply(2, 3, 4)                       #输出结果为 24
```

在可变长度参数的前面，可能出现零个或多个非可选参数：

```
def demo(name, * args):                 #可变长度参数 args 前有一个非可选参数 name
    print(name, end=', ')
    for arg in args:
        print(arg, end=' ')
demo('Jim', 'nice', 'to', 'meet', 'you!')
```

在上一行的函数调用中，name 的取值为 Jim，args 的值为元组('nice', 'to', 'meet', 'you! ')。

程序的输出结果如下：

```
Jim, nice to meet you!
```

再看一个例子：

```
>>> def concat( *args, sep="/"):
    return sep.join(args)
```

上述代码中的参数 sep 为可选参数，也是关键字参数。

```
>>> concat("earth", "mars", "venus")
'earth/mars/venus'
```

在上述代码中，可选参数 sep 取默认值"/"，可变长度参数 args 的值为元组('earth', 'mars', 'venus')。

```
>>> concat("earth", "mars", "venus", sep=".")
'earth.mars.venus'
```

在上一行的函数调用中，可变长度参数 args 的值为元组('earth', 'mars', 'venus')，并且为可选参数 sep 指定了新值"."。

如果在函数形参列表的最后有一个用双星操作符"**"定义的可变长度参数，那么该函数能够接收任意数量的实参，而且这些实参被封装成一个字典：

```
def print_values(**kwargs):
    for key, value in kwargs.items():
        print("The value of {} is {}".format(key, value))
```

```
print_values(my_name="Tom", your_name="Tim")
```

上述代码的执行结果：

```
The value of my_name is Tom
The value of your_name is Tim
```

注意：在函数的定义中，双星操作符“**”必须出现在单星操作符“*”的后面。

下面定义一个 demo()函数：

```
def demo(*args, **kwargs):          #**kwargs① 必须出现在*args 的后面
    for arg in args:
        print(arg, end=' ')
    print()                         #输出一个回车换行
    for key, value in kwargs.items():
        print(key, '=>', value)
```

下面调用 demo()函数：

```
demo('hello', 'world', name='Tom', age=30)
```

程序的输出结果如下：

```
hello world
name =>Tom
age =>30
```

5. 函数参数的赋值方式

在调用函数时，如果不使用参数名给形参赋值，那么将按照实参出现的顺序依次给对应位置上的形参赋值，这种方式叫作**按位置赋值**。如下面的函数调用：

```
person('Tim')
```

执行上述代码后，形参 name 得到的值为 Tim，gender 和 age 取默认值，也就是 gender 的值为 male，age 的值为 20。再看下面几种函数调用：

```
person('Tim', 'female')             #name 为 Tim,gender 为 female,age 取默认值 20
person('Smith', 'male', 30)         #name 为 Smith,gender 为 male,age 为 30
```

再强调一次：必须给非可选参数指定参数值。综上可知：按位置给形参赋值时，实参的出现顺序非常重要。除了按位置给形参赋值外，还可以通过指定参数名的方式给形参赋值，这种方式叫作**按关键字赋值**。如下面的函数调用：

```
person(name='Tim', gender='female')
person(gender='female', name='Tim')
person(age=22, gender='female', name='Tim')
```

① kwargs 代表 keyword arguments，关键字参数。

很显然，按关键字赋值的优点是不用考虑实参出现的先后顺序。

也可以将这两种赋值方式混合使用：

```
person('Sue', gender='female')
```

实参 Sue 按位置给形参 name 赋值，而实参 female 按关键字给 gender 赋值。

注意：当混合使用这两种赋值方式时，一定要保证按位置赋值出现在按关键字赋值的前面。下面的函数调用是错误的：

```
person(gender='female', 'Sue')
```

在上述的函数调用中，按位置赋值应出现在前面，即 person('Sue', gender='female')。

再看两个错误的函数调用：

```
person('Gorge', name='Gorge')          #为同一个参数指定重复的值
person(weight=150)                     #使用未知的形参 weight
```

有时只能采用按关键字赋值的方式给形参赋值，如下面定义的函数：

```
def demo( *args, name):                #可变长度参数 args 后面有一个非可选参数 name
    print(name, end=', ')
    for arg in args:
        print(arg, end=' ')
```

假如按位置赋值，也就是采用下面的方式调用 demo()函数，读者可以试一试是否可以得到期望的输出结果。

```
demo('nice', 'to', 'meet', 'you!', 'Jim')
```

此时应该按关键字赋值：

```
demo('nice', 'to', 'meet', 'you!', name='Jim')
```

5.3 参数解包

有时实参已存储在列表、元组等数据容器中，但是函数调用却需要单独的位置参数，这时就需要使用单星操作符“*”将实参从这些数据容器中解包(unpacking)出来：

```
>>> def demo(x, y, z):
    print(x+y+z)


>>> lt = [1, 2, 3]                     #列表 lt
>>> demo(*lt)
6
>>> tu = (1, 2, 3)                     #元组 tu
>>> demo(*tu)
```

```
6
>>> st = {1, 2, 3}                        #集合 st
>>> demo(*st)
6
```

实参为字典时：

```
>>> dt = {1:'a', 2:'b', 3:'c'}
>>> demo(*dt)                             #默认使用字典的键
6
>>> demo(*dt.values())                    #明确指定使用字典的值
abc
>>> list(range(3, 6))
[3, 4, 5]
>>> args = [3, 6]
>>> list(range(*args))                    #解包列表，执行结果相同
[3, 4, 5]
```

类似地，字典可以使用双星操作符“**”进行解包以便传递关键字参数：

```
>>> def person(name, gender='male', age=20):
    print('name:', name)
    print('gender:', gender)
    print('age:', age)

>>> dt = {"name": "Tom", "gender": "male", "age": 40}
>>> person(**dt)
name: Tom
gender: male
age: 40
```

5.4 lambda 函数

可以使用 lambda 关键字创建小型匿名函数，如：

```
lambda x, y: x+y
```

该函数返回两个参数的和，可以像普通函数那样使用 lambda 函数。注意，lambda 函数在形式上只能是一个表达式。

```
>>> add_one = lambda x: x + 1
>>> add_one(1)
2
>>> f = lambda x, y=1: x * y
>>> f(2, 3)
6
>>> def make_incrementor(n):
```

```
    return lambda x: x + n                    #lambda 函数是该函数的返回值

>>> f = make_incrementor(42)
>>> f(0)                                      #相当于计算 0+42
42
>>> f(1)                                      #相当于计算 1+42
43
```

上述 make_incrementor()函数的返回值是一个 lambda 函数。

5.5 变量的作用域

变量在程序中起作用的范围称为变量的作用域。在不同作用域内出现的同名变量,相互之间是互不影响的。根据变量在程序中所处的位置和作用范围,可将变量分为局部变量(local variable)和全局变量(global variable)。

局部变量是指在函数内部(包括函数头)定义的变量,其作用范围仅限于函数内部(包括函数头),当函数退出时该变量将不复存在。

```
>>> def multiply(x, y=10):                    #形参 x 和 y 是局部变量
    z = x * y                                 #z 是局部变量
    return z

>>> s = multiply(5, 2)
>>> print(s)
10
>>> print(z)                                  #变量 z 未定义
Traceback (most recent call last):
  File "<pyshell#65>", line 1, in <module>
    print(z)
NameError: name 'z' is not defined
>>> print(x)                                  #变量 x 未定义
Traceback (most recent call last):
  File "<pyshell#66>", line 1, in <module>
    print(x)
NameError: name 'x' is not defined
```

全局变量是指在所有函数的外部定义的变量,它在程序执行的整个过程都有效。全局变量在函数内部使用时,需要在使用之前用关键字 global 进行声明(declaration),语法格式如下:

```
global <全局变量>
>>> n = 2                                     #定义一个全局变量 n 并赋初值
>>> def multiply(x, y = 10):
    global n                                  #声明 n 是一个全局变量
```

```
    return x * y * n                        #使用全局变量 n

>>> s = multiply(5, 2)
>>> print(s)                                #s = x * y * n = 5 * 2 * 2
20
```

在函数内部出现的变量,如果没有使用关键字 global 进行声明,那么即使它的名字与全局变量名相同,也不是全局变量。

```
>>> n = 2                                   #定义一个全局变量 n 并赋初值
>>> def multiply(x, y=10):
    n = x * y                               #此处 n 不是全局变量,尽管它与全局变量名相同
    return n

>>> s = multiply(5, 2)
>>> print(s)                                #s = x * y = 5 * 2
10
>>> print(n)                                #n 的值没有改变,仍然是 2 而不是 10
2
```

5.6 小　　结

本章学习了函数的定义、函数的调用、函数的返回值、函数的参数类型、函数参数的赋值方式、参数解包、lambda 函数、变量的作用域。在函数体的第一行要注意添加文档字符串,方便其他编程人员了解函数的功能和使用方法。

练习题 5

1. Python 中定义函数的关键字是________。

2. 在函数内部使用全局变量之前,需要使用关键字________进行声明。

3. 如果函数中没有 return 语句或者 return 语句不带任何返回值,那么该函数的返回值为________。

4. 已知函数的定义如下 ,那么表达式 func(1, 2, 3, 4) 的值为________。

```
def func( *p):
    return sum(p)
```

5. 已知函数的定义如下,那么表达式 demo(3, 5, '+')的值为________。

```
def demo(x, y, op):
    return eval(str(x) + op + str(y))
```

6. 已知函数的定义如下，那么表达式 demo(3, 5, '*')的值为________。

```
def demo(x, y, op):
    return eval(str(x) + op + str(y))
```

7. 已知函数的定义如下，那么表达式 demo(3, 5, '-')的值为________。

```
def demo(x, y, op):
    return eval(str(x) + op + str(y))
```

8. 编写函数，判断一个整数是否为素数，是则返回 Yes，否则返回 No。

9. 编写程序，实现一个分段函数的计算，如下表所示。

x	x<0	0≤x<5	5≤x<10	10≤x<20	x≥20
y	0	x	3x−5	0.5x−2	0

10. 下面函数的功能为________。

```
def demo(lt, k):
    if k < len(lt):
        return lt[k:] + lt[:k]
```

11. 下列程序的输出结果为________。

```
i = 5
def f(arg=i):
    print(arg)
    i = 6
f()
```

12. 下列程序的输出结果为________。

```
def f(a, L=[]):
    L.append(a)
    return L
f(1)
f(2)
print(f(3))
```

13. 下列程序的输出结果为________。

```
def f(a, L=None):
    if L is None:
        L = []
    L.append(a)
    return L
f(1)
f(2)
```

```
print(f(3))
```

14. 下列程序的输出结果为________。

```
def func(a='a', b='b', **kwargs):
    print('a:%s, b:%s' %(a, b))
func()
dt = {'a':'z', 'b':'q'}
func(**dt)
```

第6章

类和面向对象

类是对现实世界中一些具有共同特征的事物的抽象。例如，概括某高校所有学生的属性(attribute)就可以得到一个学生类，如表 6-1 所示。

表 6-1 学生类

姓名		学号	
性别		专业	
出生年月		兴趣爱好	

6.1 类的定义与使用

Python 语言使用 class 关键字来定义类，关键字后面是一个空格，接下来是类名，然后是一个英文冒号，最后换行并定义类的内部实现：

```
class Student:
    ''' 定义一个 Student 类 '''          #Student 类的文档说明 docstring
    pass                                #占位符 pass,不执行任何操作
```

类名的首字母一般要求大写。类的定义完成以后就可以用来创建实例(instance)，这类似于把上述表格打印出来，然后填写好个人信息，如表 6-2 所示，此时"王力"就是学生类的一个具体实例：

```
>>> s1 = Student()                      #使用 Student 类创建一个实例 s1
>>> s1
<__main__.Student object at 0x0000014082C4EEB8>
```

表 6-2 学生王力的个人信息

姓名	王力	学号	18102401
性别	男	专业	网络工程
出生年月	2000-05	兴趣爱好	篮球等

怎样创建具有姓名(name)、学号(ID)、性别(gender)等属性的实例呢？只要为Student类添加一个特殊方法__init__()[①]即可：

```
class Student:
    ''' 定义一个 Student 类 '''
    #初始化新创建的实例
    def __init__(self, name, ID, gender='Male'):
        self.name = name                #采用点"."记法访问属性 name
        self.ID = ID                    #采用点"."记法访问属性 ID
        self.gender = gender            #采用点"."记法访问属性 gender
```

__init__()方法用于初始化新创建的实例,该方法的第一个参数是self(不推荐使用其他变量名),指向调用它的具体实例。当创建实例时,__init__()方法会被自动调用,除self参数外,必须为该函数的其他形参提供值。将上述代码保存到文件demo.py,然后选择IDLE菜单中Run→Run Module或直接按键盘上的F5,在IDLE的交互模式下执行下列操作：

```
>>> s1 = Student('Kate', 191021, 'Female')
```

6.1.1 实例属性与类属性

实例成员包括实例属性与实例方法;类成员包括类属性与类方法。本节学习实例属性与类属性。

```
>>> s1.name                          #与实例 s1 的属性 name 对应的属性值
'Kate'
>>> s1.ID                            #与实例 s1 的属性 ID 对应的属性值
191021
>>> s1.gender                        #与实例 s1 的属性 gender 对应的属性值
'Female'
>>> s1.name = 'Mary'                 #修改实例 s1 中属性 name 的属性值
>>> s1.name
'Mary'
```

上述代码创建了一个实例s1,该实例拥有姓名(name)、学号(ID)、性别(gender)三个实例属性,其取值分别为Kate、191021和Female,可以像普通变量一样使用实例属性。

除了实例属性,还有一种属性叫作类属性,它被类的所有实例共享：

```
class Student:
    ''' 定义一个 Student 类 '''
    #类属性
    count = 0                        #学生人数
```

① init是initialization,初始化。

```
    #初始化新创建的实例
    def __init__(self, name, ID, gender='Male'):
        self.name = name
        self.ID = ID
        self.gender = gender
        Student.count +=1               #可以像普通变量一样使用类属性
>>> s1 = Student('Kate', 191021, 'Female')
>>> s1.count                            #通过实例 s1 访问类属性 count
1                                       #目前学生人数为 1
```

访问类属性也可以直接使用类名，而无须创建实例，在上述的__init__()方法中就是这样使用的：

```
>>> Student.count                       #通过类名 Student 访问类属性 count
1                                       #目前学生人数为 1
```

6.1.2 实例方法与类方法

接下来学习实例方法。实际上，__init__()就是一个实例方法。下面再定义一个实例方法：display_count()，用于显示学生人数：

```
class Student:
    ''' 定义一个 Student 类 '''
    #类属性
    count = 0                           #学生人数
    #初始化新创建的实例
    def __init__(self, name, ID, gender='Male'):
        self.name = name
        self.ID = ID
        self.gender = gender
        Student.count +=1               #可以像普通变量一样使用类属性
    #实例方法
    def display_count(self):            #实例方法的第一个形参为 self
        print("学生人数:%d" %Student.count)

>>> s1 = Student('Kate', 191021, 'Female')
>>> s1.display_count()
学生人数:1
```

在实例方法的定义中，第一个形参为 self(不推荐使用其他变量名)，self 指向调用它的具体实例。在调用实例方法时不需要为第一个形参赋值，Python 解释器会自动完成此操作。

除了实例方法，Python 还有一个类方法，定义类方法时需要使用@classmethod 修饰符：

```
class Student:
    ''' 定义一个 Student 类 '''
    #类属性
    count = 0                              #学生人数
    #初始化新创建的实例
    def __init__(self, name, ID, gender='Male'):
        self.name = name
        self.ID = ID
        self.gender = gender
        Student.count +=1                  #可以像普通变量一样使用类属性
    #实例方法
    def display_count(self):               #实例方法的第一个形参为 self
        print("学生人数:%d" %Student.count)
    #类方法
    @classmethod                           #类方法修饰符
    def class_display_count(cls):
        print("学生人数:%d" %cls.count)
```

```
>>> Student.class_display_count()
学生人数:0
>>> s1 = Student('Kate', 191021, 'Female')
>>> Student.class_display_count()
学生人数:1
```

类方法的第一个形参是类本身，通常将该参数命名为 cls[①]。在调用类方法时不需要为第一个形参赋值，Python 解释器会自动完成此操作。

6.1.3 静态方法

除了实例方法和类方法，Python 还有一个静态方法，定义静态方法时需要使用@staticmethod 修饰符：

```
class Student:
    ''' 定义一个 Student 类 '''
    #类属性
    count = 0                              #学生人数
    #初始化新创建的实例
    def __init__(self, name, ID, gender='Male'):
        self.name = name
        self.ID = ID
        self.gender = gender
        Student.count +=1                  #可以像普通变量一样使用类属性
```

① cls 是 class 的简称。

```
    #实例方法
    def display_count(self):           #实例方法的第一个形参为 self
        print("学生人数:%d" %Student.count)
    #类方法
    @classmethod                       #类方法修饰符
    def class_display_count(cls):
        print("学生人数:%d" %cls.count)
    #静态方法
    @staticmethod                      #静态方法修饰符
    def static_display_count():
        print("学生人数:%d" %Student.count)
```

```
>>> Student.static_display_count()
学生人数:0
>>> s1 = Student('Kate', 191021, 'Female')
>>> Student.static_display_count()
学生人数:1
```

6.2 类的继承

在某些情况下,现有的类不能很好地满足需求,这时就可以定义一个新类。新类不必从头开始编写,它可以从现有的类继承(inheritance)。新类继承现有的类后,就自动拥有了现有类的所有功能,新类只需要添加现有类缺少的功能即可。下面定义一个 Person 类:

```
class Person:
    ''' 定义一个 Person 类 '''
    def __init__(self, name, gender):
        self.name = name
        self.gender = gender
```

再定义一个 Student 类,该类继承自 Person 类:

```
class Student(Person):                 #Student 是子类,Person 是父类
    ''' 定义一个 Student 类 '''
    def __init__(self, name, gender, score):
        super(Student, self).__init__(name, gender)
        #可以用下一行代码代替上一行代码,两者是等价的
        #Person.__init__(self, name, gender)
        self.score = score             #子类 Student 增加了一个 score 属性
p1 = Person('Tom', 'Male')
print(p1.name, p1.gender)
s1 = Student('Kate', 'Female', 88)
```

```
print(s1.name, s1.gender, s1.score)
```

上述代码的执行结果：

```
Tom Male
Kate Female 88
```

在 Python 语言中，object 是一个类，它是所有类的父类。父类需要放在子类后面的括号里，并用逗号隔开。如果一个类不明确地指定父类，则其父类为 object 类。如果想在子类中调用父类的方法，则可以使用内置函数 super()或者通过“父类名.方法名()”的方式实现。在上述的 Student 类中，调用父类 Person 的__init__()方法时，使用的就是 super()函数。在子类的__init__()方法中一定要使用 super(Student, self).__init__(name, gender)去初始化父类，否则子类 Student 的实例没有 name 和 gender 属性。

type()函数用于获取一个变量的类型，而 isinstance()函数则可以判断一个实例是否属于某个类：

```
>>> type(2)                          #2 是整数类型
<class 'int'>
>>> type(s1)                         #实例 s1 是 Student 类型
<class '__main__.Student'>
>>> isinstance('a', str)             #'a'属于字符串类型
True
>>> isinstance(s1, Student)          #实例 s1 属于 Student 类型
True
>>> isinstance(s1, Person)           #实例 s1 属于 Person 类型
True
>>> isinstance(p1, Student)          #实例 p1 不属于 Student 类型
False
>>> isinstance(p1, Person)           #实例 p1 属于 Person 类型
True
>>> isinstance(p1, object)           #object 是所有类的父类
True
>>> isinstance(s1, object)           #实例 s1 属于 object 类型
True
```

一个实例既可以看作是它本身的类型，又可以看作是它父类的类型。例如，实例 s1 既是 Student 类型又是 Person 类型。除了从一个父类继承外，Python 还允许从多个父类继承，这被称为多重继承(multiple inheritance)：

```
class A:
    def __init__(self, a):
        print("初始化 A ...")
        self.a = a
class B(A):
    def __init__(self, a):
```

```
        super(B, self).__init__(a)
        print("初始化 B ...")
class C(A):
    def __init__(self, a):
        super(C, self).__init__(a)
        print("初始化 C ...")
class D(B, C):
    def __init__(self, a):
        super(D, self).__init__(a)
        print("初始化 D ...")
d = D('d')
```

在上述代码中，A、B、C 和 D 四个类之间的继承关系如图 6-1 所示。

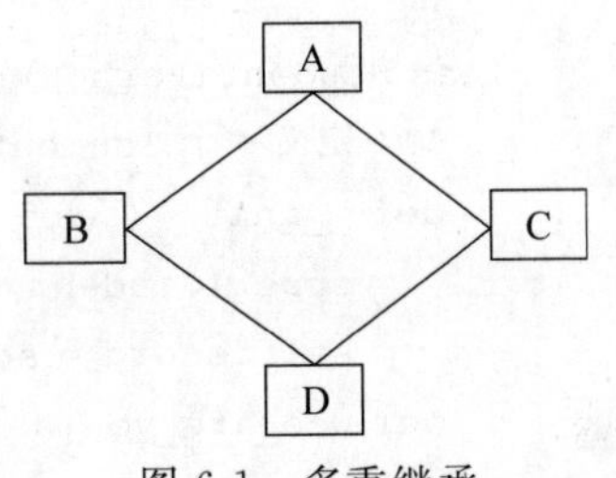

图 6-1 多重继承

程序的执行结果：

```
初始化 A ...
初始化 C ...
初始化 B ...
初始化 D ...
```

在图 6-1 中，类 D 有两个父类 B 和 C，而类 B 和 C 都继承自类 A，因此类 D 就同时拥有了父类 A、B、C 的全部功能。虽然父类 A 被子类 D 继承了两次[①]，但类 A 的__init__()方法却只执行了一次。请读者仔细观察三个父类的初始化顺序，这种类型的题目在求职面试时经常遇到。多重继承技术使得一个类可以自由地组合各个类的属性与方法，以便形成一个新类。

有些类成员（属性和方法）不希望在类的外部被访问，该怎么办呢？这就涉及访问控制问题。Python 将类成员分为三种类型，分别是私有（private）成员、保护（protected）成员和公共（public）成员。

```
class Person:
    ''' 定义一个 Person 类 '''
    def __init__(self, name):
        self.name = name              #公共属性
        self._title = 'Mr.'           #保护属性，以单下画线"_"开头
        self.__salary = 20000         #私有属性，以双下画线"__"开头
p1 = Person('Bob')
print(p1.name)                        #输出 Bob
print(p1._title)                      #输出 Mr.
print(p1.__salary)                    #输出错误信息
```

公共属性能够在类的外部访问；保护属性可以在该属性所在类及其子类中访问；私有

① 通过父类 B 和父类 C 各继承了一次。

属性只能在该属性所在类中使用。

如果一个父类及其子类使用了完全相同的方法名,但却有不同的实现方式,这种现象叫作多态(polymorphism)。多态就是“多种状态”的意思。

```
class Person:
    ''' 定义一个 Person 类 '''
    def __init__(self, name, gender):
        self.name = name
        self.gender = gender
    def who_are_you(self):
        return 'I am a Person, my name is %s.' %self.name

class Student(Person):
    ''' 定义一个 Student 类 '''
    def __init__(self, name, gender, score):
        super(Student, self).__init__(name, gender)
        self.score = score
    def who_are_you(self):
        return 'I am a Student, my name is %s.' %self.name

class Teacher(Person):
    ''' 定义一个 Teacher 类 '''
    def __init__(self, name, gender, course):
        super(Teacher, self).__init__(name, gender)
        self.course = course
    def who_are_you(self):
        return 'I am a Teacher, my name is %s.' %self.name
p1 = Person('Tim', 'Male')
s1 = Student('Bob', 'Male', 88)
t1 = Teacher('Alice', 'Female', 'Maths')
object_list = [p1, s1, t1]
for obj in object_list:
    print(obj.who_are_you())
```

执行上述代码的输出结果:

```
I am a Person, my name is Tim.
I am a Student, my name is Bob.
I am a Teacher, my name is Alice.
```

Student 类既有自定义的 who_are_you()方法,又继承了父类 Person 的 who_are_you()方法。当执行 s1.who_are_you()代码时,它总是优先使用自定义的 who_are_you()方法。代码 t1.who_are_you()的执行情况与 s1 类似。读者可以删除 Student 类中的 who_are_you()方法,然后比较一下代码的执行结果有何不同。

6.3 类的特殊方法

前面学习的__init__()方法就是类的一个特殊方法。这些特殊方法定义在类中，是类的实例方法，不需要直接调用，Python 语言的某些函数或操作符会自动调用它们。假如想把实例以字符串的形式输出，就需要实现类的特殊方法__str__()。

```
class Person:
    ''' 定义一个 Person 类 '''
    def __init__(self, name, gender):
        self.name = name
        self.gender = gender
    def __str__(self):
        return '姓名:%s,性别:%s' %(self.name, self.gender)
p1 = Person('Bob', 'Male')
print(p1)
```

上述代码的执行结果：

```
姓名:Bob,性别:Male
```

读者尝试注释掉__str__()方法，观察代码的输出结果有何变化。在 IDLE 的交互模式下直接输出变量 p1 的值：

```
>>> p1
<__main__.Person object at 0x00000253B5B4A470>
```

显然此处 Python 解释器并没有调用__str__()方法，实际上 Python 解释器调用的是__repr__()方法[①]，而该方法在 Person 类中并没有实现。

```
class Person:
    def __init__(self, name, gender):
        self.name = name
        self.gender = gender
        def __str__(self):
            return '姓名:%s,性别:%s' %(self.name, self.gender)
        __repr__ = __str__              #实现__repr__()方法的一个捷径
```

执行上述代码，然后在 IDLE 的交互模式下：

```
>>> p1 = Person('Bob', 'Male')
>>> p1
姓名:Bob,性别:Male
```

---

① 在 object 类中实现了该方法。

```
>>> print(p1)
姓名:Bob,性别:Male
```

p1 和 print(p1)的输出结果相同。__str__()方法输出的信息是为了方便普通用户阅读;而__repr__()方法输出的信息是为了协助程序员调试程序。如果一个类中没有定义__str__()方法,那么 Python 会在需要该方法时使用__repr__()方法代替。

有时希望类的实例能够像整数、浮点数那样,进行加、减、乘、除等多种运算。假定有一个 Time 类:

```
class Time:
    """ 定义 Time 类,代表一天的时间
    属性:hour, minute, second
    """
    def __init__(self, hour=0, minute=0, second=0):
        self.hour = hour
        self.minute = minute
        self.second = second
    def __str__(self):
        ''' 时间的输出格式%.2d:%.2d:%.2d '''
        return "%.2d:%.2d:%.2d" %(self.hour, self.minute, self.second)
```

实例 t1 代表电影开始播放的时间:

```
>>> t1 = Time(8, 15)                    #创建实例 t1
>>> print(t1)                           #上午 8 点 15 分开始播放电影
08:15:00
```

实例 t2 代表播放时长:

```
>>> t2 = Time(1, 30)                    #创建实例 t2
>>> print(t2)                           #播放时长为 1 小时 30 分钟
01:30:00
```

t1 + t2 得到播放的结束时间:

```
>>> t1 + t2                             #错误,Time 类不支持加法运算
Traceback (most recent call last):
  File "<pyshel#63>", line 1, in <module>
    t1 + t2
TypeError: unsupported operand type(s) for +: 'Time' and 'Time'
```

怎样才能使 Time 类支持加法运算呢?只需在 Time 类中实现类的特殊方法__add__()即可。

```
class Time:
    """ 定义 Time 类,代表一天的时间
    属性:hour, minute, second
    """
```

```
    def __init__(self, hour=0, minute=0, second=0):
        self.hour = hour
        self.minute = minute
        self.second = second

    def __str__(self):
        ''' 时间的输出格式%.2d:%.2d:%.2d '''
        return "%.2d:%.2d:%.2d" %(self.hour, self.minute, self.second)

    def time_to_int(self):
        ''' 将时间(时分秒)转换为以秒为单位的整数 '''
        minutes = self.hour * 60 + self.minute
        seconds = minutes * 60 + self.second
        return seconds

    def int_to_time(self, seconds):
        ''' 将以秒为单位的整数转换为时间(时分秒) '''
        minutes, self.second = divmod(seconds, 60)
        self.hour, self.minute = divmod(minutes, 60)

    def __add__(self, other):
        time = Time()
        seconds = self.time_to_int() + other.time_to_int()
        time.int_to_time(seconds)
        return time
```

再次执行上述代码,在 IDLE 的交互模式下:

```
>>> t1 = Time(8, 15)
>>> t2 = Time(1, 30)
>>> t3 = t1 + t2
>>> print(t3)                          #播放的结束时间
09:45:00
```

其实 Python 解释器在幕后做了大量的工作,它将 t1 + t2 与 t1.__add__(t2)建立了一一对应关系,执行 t1 + t2 就等价于执行 t1.__add__(t2)。

本节介绍了类的三种特殊方法,通过实现这些特殊方法,用户可以指定在自定义类上运算符的行为方式。表 6-3 列出了部分特殊方法,其完整的列表参见 https://docs.python.org/3.5/reference/datamodel.html#special-method-names。

表 6-3 类的特殊方法

特殊方法	说明
__new__()	构造方法,创建实例时自动调用
__init__()	实例的初始化方法

续表

特殊方法	说　明
__del__()	析构方法,释放实例时自动调用
__slots__()	仅定义一组指定的属性
__hash__()	自定义哈希值
__add__()	+
__sub__()	—
__mul__()	*
__truediv__()	/
__floordiv__()	//
__pow__()	**
__str__()	将实例转换为字符串形式,该字符串的可读性强
__repr__()	将实例转换为字符串形式,该字符串描述准确

6.4 小　　结

本章讲述了 Python 语言的面向对象编程(Object-Oriented Programming,OOP)技术,这些技术包括类的定义和使用,类属性和实例属性,类方法、实例方法和静态方法,类的继承,多态等内容。OOP 技术的三个主要特征是继承、封装和多态。封装(encapsulation)是一种将数据和操作数据的方法包装成代码单元的机制,这些代码单元的功能是相对独立的。依据类成员(属性和方法)对外部的开放程度,可以将它们分成三种类型:私有成员、保护成员和公共成员。最后,通过一个例子讲述运算符重载的实现。

练习题 6

1. 定义一个类需要使用关键字________。
2. 使用 pass 语句定义一个最简单的类 Demo。
3. 请用一句话简单地概括__init__()方法的作用。
4. 查阅相关资料,至少写出继承的两个优点。
5. Python 语言中属性分为几个类别?分别是什么?
6. 为了实现对属性的访问控制,Python 语言将属性划分为 3 类,这 3 类分别是什么?各有什么特点?
7. 进一步完善 Student 学生类,除了姓名 name、学号 ID、性别 gender、专业 major,添加出生年月 date 和兴趣爱好 hobby 两个实例属性，然后创建该类的一个实例 s1，并输出该学生的兴趣爱好。

8. 定义一个类 Cat，该类拥有一个类属性和两个实例属性：

```
类属性：品种 species，其初始值为 Persian；
实例属性：名字 name 和颜色 color。
```

创建一个 Cat 类的实例 kitty，将其品种 species 修改为 Egypt，颜色 color 修改为 Black。

9. 在第 8 题定义的类 Cat 中，增加一个实例方法 info()，输出猫的名字和颜色，创建一个实例 kitty 并调用该方法。

10. 定义一个矩形类 Rectangle，该类拥有高度 height 和宽度 width 两个属性；再定义两个方法 calc_area()和 calc_perimeter()，分别用于计算矩形的面积和周长。

11. 定义一个形状类 Shape，由它派生 3 个子类：Circle 类、Rectangle 类和 Triangle 类，定义 print_area()方法输出这 3 种图形的面积，这 3 种图形的数据在创建实例时给出。

12. 定义一个有理数类 Rational，该类有分子 x 和分母 y 两个实例属性，通过运算符重载实现两个有理数的加法运算；另外，能够以“5 / 7”的形式输出一个有理数。

第7章

字 符 串

第 2 章已经讲述了字符串的部分内容，本章继续讲述字符串操作符、字符串处理函数、字符串方法、字符串与列表和元组的相互转换等内容。

7.1 字符串操作符

Python 语言提供了 4 个字符串操作符，如表 7-1 所示。

表 7-1 字符串操作符

操 作 符	功能描述
x + y	将字符串 x 和 y 拼接在一起
x * n 或 n * x	将字符串 x 复制 n 次
x in s	如果 x 是 s 的子串，则返回 True，否则返回 False
x not in s	与 in 的功能相反

1. "+"操作符

"+"操作符的示例如下：

```
>>> "人工" + "智能"                    #拼接两个字符串
'人工智能'
>>> s = 'good'
>>> t = 'luck'
>>> s + t
'goodluck'
>>> print('good luck' + '!')
good luck!
```

2. " * "操作符

如果 s 为字符串，n 为正整数，那么 s * n 或 n * s 将字符串 s 复制 n 次：

```
>>> s = 'fun'
>>> s * 2
'funfun'
>>> 2 * s
'funfun'
```

n 等于零或负整数时，s * n 或 n * s 的执行结果为空[①]：

```
>>> s * 0
''
>>> s * -2
''
```

3. “in”操作符

“in”操作符的示例如下：

```
>>> 'a' in 'apple'                    #字符 a 在 apple 中
True
>>> 'b' in 'apple'                    #字符 b 不在 apple 中
False
```

4. “not in”操作符

“not in”操作符的示例如下：

```
>>> 'x' not in 'abc'
True
>>> 'x' not in 'xyz'
False
```

7.2 字符串处理函数

Python 语言内置的字符串处理函数如表 7-2 所示。

表 7-2 字符串处理函数

函 数 名	功 能 描 述
ord()[②]	将字符转换为整数
chr()	将整数转换为字符
len()	返回字符串的长度
str()	返回对象的字符串表示形式

① 注意不是空格。

② ord 是 ordinal，序数的。

1. ord()函数

ord(x)函数返回字符 x 对应的 Unicode 编码：

```
>>> ord('a')
97
>>> ord('和')
21644
```

2. chr()函数

chr(x)函数返回 Unicode 编码 x 对应的字符(character)：

```
>>> chr(21644)
'和'
>>> chr(0x2708)                    #十六进制数 2708
'✈'
>>> chr(0x266b)                    #十六进制数 266b
'♫'
```

3. len()函数

len(x)返回字符串 x 的长度(length)：

```
>>> len("fun")
3
>>> len("不忘初心")                #中文和英文同等看待
4
```

4. str()函数

str(x)返回对象 x 的字符串(string)表示形式：

```
>>> str(5)
'5'
>>> str(2+3)
'5'
>>> str(0x1a)                      #十六进制数 1a 等于十进制数 26
'26'
>>> str('Hello')
'Hello'
>>> str(3.14)
'3.14'
>>> str(2+3j)                      #复数 2+3j 的字符串形式
'(2+3j)'                           #注意有括号
```

字符串的索引和切片操作参见第 2 章，此处再举几个例子：

```
>>> s = 'football'
>>> s[:4]
'foot'
>>> s[4:]
'ball'
>>> s[:4] + s[4:] == s
True
>>> t = s[:]                              #变量 t 指向原字符串 s
>>> id(s)                                 #得到字符串 football 的存储地址
2162197664240
>>> id(t)
2162197664240
>>> t is s
True
```

7.3 字符串方法

字符串类提供了很多方法，有大小写转换、查找和替换、字符分类、字符串格式化、字符串与列表和元组的相互转换等。

7.3.1 大小写转换

首先学习英文字符的大小写转换方法，如表 7-3 所示。

表 7-3 大小写转换

方 法 名	功 能 描 述
s.capitalize()	返回 s 的一个副本，并将其首字母转换为大写，其他字母转换为小写
s.lower()	将英文字母转换为对应的小写形式
s.swapcase()	将英文字母的大小写形式互换
s.title()	将字符串 s 转换为标题形式，即每个单词的首字母大写
s.upper()	将英文字母转换为对应的大写形式

方法也是一种函数，只是调用的方式不同。函数采用 func(x)的方式调用，而方法采用<a>.func(x)的形式调用，其中 a 为一个类的实例。

1. s.capitalize()

s.capitalize()方法返回 s 的一个副本，并将其首字母转换为大写，其他所有字母转换为小写，举例如下：

```
>>> s = 'gOD LUck'
>>> s.capitalize()
'God luck'
>>> s
'gOD LUck'                          #原字符串 s 保持不变
>>> s = 'goD123#'                   #非英文字母保持不变
>>> s.capitalize()
'God123#'
```

2. s.lower()

s.lower()用来将英文字母转换为对应的小写形式，举例如下：

```
>>> 'GoD'.lower()
'god'
```

3. s.swapcase()

s.swapcase()用来将英文字母的大小形式互换，举例如下：

```
>>> 'GOod LUck'.swapcase()
'goOD luCK'
```

4. s.title()

s.title()将字符串 s 转换为标题形式，即每个单词的首字母大写，举例如下：

```
>>> 'go with the wind'.title()
'Go With The Wind'
```

5. s.upper()

s.upper()将英文字母转换为对应的大写形式，举例如下：

```
>>> 'gooD'.upper()
'GOOD'
```

7.3.2 查找和替换

下面讲解字符串的查找和替换，如表 7-4 所示。本组中的每个方法都支持两个可选的参数＜start＞和＜stop＞，其用法类似于字符串的切片。＜start＞和＜stop＞分别表示查找或替换的开始点和结束点(不包括)。

表 7-4 查找和替换方法

方 法 名	功 能 描 述
s.count(sub)	统计字符串 s 中子串 sub 的出现次数
s.startswith(prefix)	确定字符串 s 是否以子串 prefix 开头
s.endswith(suffix)	确定字符串 s 是否以子串 suffix 结尾
s.find(sub)	在 s 中查找子串 sub,若找到则返回子串的最小下标,否则返回－1
s.rfind(sub)	从末尾开始在字符串 s 中搜索子串 sub
s.index(sub)	同 s.find(sub),区别是找不到子串 sub 时抛出异常,而不是返回－1
s.rindex(sub)	同 s.rfind(sub),区别是找不到子串 sub 时抛出异常,而不是返回－1

1. s.count(sub)

s.count(sub)用来统计字符串 s 中子串 sub 的出现次数,举例如下:

```
>>> 'good book'.count('oo')
2
```

也可以设置统计的开始点 start 和结束点 stop,举例如下:

```
>>> 'good look book'.count('oo', 5, 9)      #从下标 5 开始统计,到下标 9 结束
1
```

2. s.startswith(prefix)

s.startswith(prefix)用来确定字符串 s 是否以子串 prefix 开头,举例如下:

```
>>> 'good'.startswith('go')
True
>>> 'good'.startswith('go', 2)
False
```

3. s.endswith(suffix)

s.endswith(suffix)用来确定字符串 s 是否以子串 suffix 结尾,举例如下:

```
>>> 'good'.endswith('od')
True
```

4. s.find(sub)

s.find(sub)用来在字符串 s 中搜索子串 sub,如果搜索到则返回子串的最小下标,否则返回－1,举例如下:

```
>>> 'good god'.find('go')              #注意返回值不是 5
```

```
0
>>> 'ab'.find('c')                       #没找到
-1
```

5. s.rfind(sub)

s.rfind(sub)表示从末尾开始在字符串 s 中搜索子串 sub，举例如下：

```
>>> 'good god'.rfind('go')               #与上面的执行结果进行对比
5
>>> 'ab'.rfind('c')
-1
```

6. s.index(sub)

该方法等价于 s.find(sub)方法，唯一的区别是如果找不到子串 sub，该方法抛出异常，而不是返回−1，举例如下：

```
>>> 'good god'.index('go')               #此时等价于 s.find(sub)
0
>>> 'ab'.index('c')                      #抛出异常,而不是返回-1
Traceback (most recent call last):
  File "<pyshell#140>", line 1, in <module>
    'ab'.index('c')
ValueError: substring not found
```

7. s.rindex(sub)

该方法等价于 s.rfind(sub)方法，唯一的区别是如果找不到子串 sub，该方法抛出异常，而不是返回−1，举例如下：

```
>>> 'good god'.rindex('go')              #此时等价于 s.rfind(sub)
5
>>> 'ab'.rindex('c')                     #抛出异常,而不是返回-1
Traceback (most recent call last):
  File "<pyshell#137>", line 1, in <module>
    'ab'.rindex('c')
ValueError: substring not found
```

7.3.3 字符分类

下面讲解对字符进行分类的方法，这些方法根据字符串中包含的字符种类对其进行分类，如表 7-5 所示。

表 7-5 字符分类的方法

方 法 名	功 能 描 述
s.isalnum()	判断字符串 s 是否由字母或数字组成
s.isalpha()	判断字符串 s 是否由字母组成
s.isdigit()	判断字符串 s 是否由数字组成
s.isidentifier()	判断字符串 s 是否为有效的 Python 标识符
s.islower()	判断字符串 s 中的字母是否为小写字母
s.isprintable()	判断字符串 s 是否完全由可打印字符组成
s.isspace()	判断字符串 s 是否由空白字符组成
s.istitle()	判断字符串 s 是否符合标题格式
s.isupper()	判断字符串 s 中的字母是否为大写字母

1. s.isalnum()

s.isalnum()用来判断字符串 s 是否由字母或数字组成,如果是则返回 True,否则返回 False,举例如下:

```
>>> 'abc123'.isalnum()                #是字母(alphabet)或数字(number)
True
>>> 'abc123$'.isalnum()               #美元符号$既不是字母也不是数字
False
>>> ''.isalnum()                      #空字符串时返回 False
False
```

2. s.isalpha()

s.isalpha()用来判断字符串 s 是否由字母组成,举例如下:

```
>>> 'Aa'.isalpha()
True
>>> 'abc123'.isalpha()
False
```

3. s.isdigit()

s.isdigit()用来判断字符串 s 是否由数字组成,举例如下:

```
>>> '123'.isdigit()
True
>>> 'abc123'.isdigit()
False
```

4. s.isidentifier()

s.isidentifier()用来判断字符串 s 是否为有效的 Python 标识符。一个合法的 Python 标识符只能由 3 种字符组成，分别是大小写英文字母，共 52 个；0～9 十个数字和一个下画线"_"。另外，标识符不能以数字开头。虽然可以使用中文作为标识符，但是不推荐使用。

```
>>> 'sum12'.isidentifier()
True
>>> '12sum'.isidentifier()          #不能以数字开头
False
>>> 'sum$12'.isidentifier()         #不能用美元符号$
False
>>> '和'.isidentifier()             #不建议使用中文标识符
True
>>> 'for'.isidentifier()            #for 是 Python 语言的关键字
True
```

虽然关键字是有效的标识符，但是用户不能将其作为变量名使用。判断一个标识符是否为关键字，可使用 keyword 模块中的 iskeyword()函数进行验证：

```
>>> from keyword import iskeyword
>>> iskeyword('for')
True
```

5. s.islower()

s.islower()用来判断字符串 s 中的字母是否为小写字母，举例如下：

```
>>> 'abc'.islower()
True
>>> 'ab1$c'.islower()
True
>>> 'aB1$c'.islower()
False
```

6. s.isprintable()

s.isprintable()用来判断字符串 s 是否完全由可打印字符组成，举例如下：

```
>>> 'a\tb'.isprintable()            #水平跳格键"\t"不可打印
False
>>> 'a b'.isprintable()
True
>>> 'a\nb'.isprintable()            #换行符"\n"不可打印
```

```
False
```

7. s.isspace()

s.isspace()用来判断字符串 s 是否由空白字符组成。ASCII 字符集包含的 6 个空白字符如表 7-6 所示。

表 7-6　空白字符

字　符	说　明	字　符	说　明
' '	空格	\f	换页 Form Feed
\n	换行符 Newline	\r	回车符 Carriage Return
\t	水平跳格键 Tab	\v	垂直跳格键 Vertical

```
>>> '\t\n'.isspace()
True
>>> ' a '.isspace()
False
>>> ''.isspace()                    #是空不是空白字符
False
>>> ' '.isspace()                   #空格是空白字符
True
```

8. s.istitle()

s.istitle()用来判断字符串 s 是否符合标题格式,举例如下:

```
>>> 'This Is A Title'.istitle()     #每个单词首字母都大写
True
>>> 'go with the wind'.istitle()
False
```

9. s.isupper()

s.isupper()用来判断字符串 s 中的字母是否为大写字母,举例如下:

```
>>> 'AB'.isupper()
True
>>> 'AB12$'.isupper()
True
>>> 'Aa'.isupper()
False
```

7.3.4　字符串格式化

下面介绍字符串格式化方法,该类方法一共有 9 个,如表 7-7 所示。

表 7-7　字符串格式化方法

方　法　名	功 能 描 述
s.center()	函数原型为 center(width[,fillchar]),将字符串 s 居中显示,左右两侧用 fillchar 填充,共占 width 列,fillchar 默认值为空格
s.ljust()	与 s.center()的用法相同,实现的是左对齐
s.rjust()	与 s.center()的用法相同,实现的是右对齐
s.expandtabs()	将字符串 s 中的跳格键用空格代替,默认用 8 个空格代替一个跳格键
s.strip()	删除字符串 s 的开头和结尾处指定的字符,默认值为空白字符
s.lstrip()	与 s.strip()的用法相同,从字符串 s 的左侧删除字符
s.rstrip()	与 s.strip()的用法相同,从字符串 s 的右侧删除字符
s.replace()	将字符串 s 中的旧串用新串代替
s.zfill()	将字符串 s 的副本用 0 字符填充为指定的宽度并返回

1. s.center(＜width＞[, ＜fill＞])

在宽度为 width 的域中使字符串 s 居中,可选参数 fillchar 为填充字符,其默认值为空格,举例如下。

```
>>> 'fun'.center(10)              #居中,用空格填充
'   fun    '
>>> 'fun'.center(10, '-')         #居中,用-填充
'---fun----'
>>> 'fun'.center(2)               #指定的宽度不够,字符串原样输出
'fun'
```

2. s.ljust()

s.ljust()函数与 s.center()函数的用法相同,区别是对齐的方式不同,s.ljust()函数实现的是左对齐(left justified),举例如下。

```
>>> 'fun'.ljust(10)               #左对齐,用空格填充
'fun       '
>>> 'fun'.ljust(10, '-')          #左对齐,用-填充
'fun-------'
>>> 'fun'.ljust(2)                #指定的宽度不够,字符串原样输出
'fun'
```

3. s.rjust()

s.rjust()函数与 s.center()函数的用法相同,区别是对齐的方式不同,s.rjust()函数实现的是右对齐(right justified),举例如下。

```
>>> 'fun'.rjust(10)                    #右对齐,用空格填充
'       fun'
>>> 'fun'.rjust(10, '-')               #右对齐,用-填充
'-------fun'
>>> 'fun'.rjust(2)                     #指定的宽度不够,字符串原样输出
'fun'
```

4. s.expandtabs(tabsize=8)

该方法将字符串 s 中的跳格键用空格代替,在默认情况下用 8 个空格代替一个跳格键,举例如下:

```
>>> 'a\tb'.expandtabs()
'a       b'
>>> 'a\tb'.expandtabs(4)               #用 4 个空格代替一个跳格键
'a   b'
```

5. s.strip([<chars>])

该方法删除字符串 s 的开头和结尾处的字符<chars>,其默认值为空白字符,举例如下:

```
>>> s = '  fun\t\n'
>>> s = s.strip()                      #注意重新赋值给 s
>>> s
'fun'
>>> 'abcba'.strip('ab')
'c'
```

6. s.lstrip()

s.lstrip()函数从字符串 s 的左侧删除字符,举例如下:

```
>>> s = '  fun\t\n'
>>> s = s.lstrip()
>>> s
'fun\t\n'
>>> 'abcba'.lstrip('ab')
'cba'
```

7. s.rstrip()

s.rstrip()函数从字符串 s 的右侧删除字符,举例如下:

```
>>> s = '  fun\t\n'
>>> s = s.rstrip()
```

```
>>> s
'   fun'
>>> 'abcba'.rstrip('ab')
'abc'
```

8. s.replace(<old>, <new>[, <count>])

该方法将字符串 s 中的子串 old 用子串 new 代替，可选参数 count 表示被替换的 old 个数，举例如下：

```
>>> 'a red red rose'.replace('red', 'blue')
'a blue blue rose'
>>> 'a red red rose'.replace('red', 'blue', 1)
'a blue red rose'
```

9. s.zfill(<width>)

该方法将字符串 s 的副本用“0”字符填充为指定的宽度<width>并返回，举例如下：

```
>>> '21'.zfill(5)                    #zfill代表 zero filled
'00021'
>>> s = '+21'
>>> s.zfill(5)                       #符号保持在最左侧
'+0021'
>>> s                                #原字符串保持不变
'+21'
>>> '-312'.zfill(2)                  #指定的宽度不够，原样输出
'-312'
>>> 'fun'.zfill(5)
'00fun'
```

7.3.5 字符串与列表和元组的相互转换

下面介绍字符串与列表和元组相互转换的方法，该类方法一共包含 6 个，如表 7-8 所示。

表 7-8 相互转换的方法

方 法 名	功 能 描 述
s.join(<iterable>)	将可迭代对象中的元素用字符串 s 连接起来
s.partition(<sep>)	基于分隔符 sep 切割字符串 s，并返回一个三元组
s.rpartition(<sep>)	与 s.partition(<sep>)的用法相同，基于最后一次出现的分隔符 sep 切割字符串 s

续表

方　法　名	功 能 描 述
s.split(sep=None, maxsplit=-1)	将字符串 s 切割为子串列表，sep 为分隔符，maxsplit 为最大切割次数
s.rsplit(sep=None, maxsplit=-1)	与 s.split()函数的用法相同，区别是从右侧开始切割
s.splitlines([<keepends>])	基于行边界 keepends 将字符串 s 进行切割，返回一个列表

1. s.join(<iterable>)

该方法将可迭代对象中的元素用字符串 s 连接起来，举例如下：

```
>>> ','.join(['one', 'two', 'three'])          #此处 s 为","
'one,two,three'
>>> list('good')                               #将字符串转换为列表
['g', 'o', 'o', 'd']
>>> '-'.join('good')                           #字符串也是可迭代对象
'g-o-o-d'
```

2. s.partition(<sep>)

基于分隔符 sep 切割字符串 s，其返回值是一个三元组，这 3 个元素分别为：

(1) 字符串 s 中分隔符 sep 前面的部分；

(2) 分隔符 sep 本身；

(3) 字符串 s 中分隔符 sep 后面的部分。

```
>>> 'very.good.day'.partition('.')             #基于首次出现的分隔符"."切割
('very', '.', 'good.day')
>>> 'a.b'.partition('@')                       #在字符串 s 中未找到分隔符@
('a.b', '', '')                                #三元组的后两个元素为空
```

3. s.rpartition(<sep>)

该函数与 s.partition(<sep>)函数的用法相同，区别是前者基于最后一次出现的分隔符 sep 切割字符串 s，举例如下：

```
>>> 'one++two++three'.partition('++')
('one', '++', 'two++three')
>>> 'one++two++three'.rpartition('++')         #注意区分两个函数的切割效果
('one++two', '++', 'three')
```

4. s.split(sep=None, maxsplit=-1)

该函数将字符串 s 拆分为子串列表。参数 sep 的默认值为空，此时使用空白字符作

为分隔符;参数 maxsplit 是最大拆分次数,默认值为-1,即不限制拆分次数,举例如下:

```
>>> 'one two\nthree'.split()                    #默认使用空白字符拆分字符串
['one', 'two', 'three']
>>> 'www.cctv.com'.split('.')                  #不限制拆分次数
['www', 'cctv', 'com']
>>> 'www.cctv.com'.split('.', 1)               #只拆分一次
['www', 'cctv.com']
```

5. s.rsplit(sep=None, maxsplit=-1)

该函数与 s.split()函数的用法相同,区别是前者从右侧开始拆分,举例如下:

```
>>> 'www.cctv.com'.rsplit('.')
['www', 'cctv', 'com']
>>> 'www.cctv.com'.rsplit('.', 1)
['www.cctv', 'com']
```

6. s.splitlines([<keepends>])

基于行边界 keepends 将字符串 s 进行切割,返回一个列表。表 7-9 中列出的字符或字符序列都被视作行边界符。

表 7-9 行边界符

行 边 界	说 明
\n	换行符(Newline)
\r	回车符(Carriage Return)
\r\n	回车换行符
\v 或\x0b	垂直制表符(Vertical)
\f 或\x0c	走纸换页(Form Feed)
\x1c	文件分隔符(File Separator)
\x1d	组分隔符(Group Separator)
\x1e	记录分隔符(Record Separator)
\x85	下一行(C1 控制代码)
\u2028	Unicode 行分隔符
\u2029	Unicode 段落分隔符

```
>>> 'one\ntwo\rthree\u2028four'.splitlines()
['one', 'two', 'three', 'four']
>>> 'one\f\ftwo'.splitlines()                  #注意列表中有一个空元素
['one', '', 'two']
```

```
>>> 'one\ntwo\rthree'.splitlines(True)  #参数为 True 时,列表元素保留原行边界
['one\n', 'two\r', 'three']
>>> 'one\ntwo\rthree'.splitlines(1)     #整数 1 等价于 True
['one\n', 'two\r', 'three']
```

7.4 小　　结

本章继续讲述了字符串的有关内容,包括字符串操作符、字符串处理函数、字符串作为一个类提供的许多方法、字符串与列表和元组的相互转换。字符串操作符有 4 个,分别是+、*、in 和 not in。字符串处理函数有 4 个,分别是 ord()、chr()、len()和 str()。字符串类提供的方法主要用于大小写转换、查找和替换、字符分类、字符串格式化、字符串与列表和元组的相互转换等。

练习题 7

1. 写出下列表达式的执行结果:

(1) "Hello" + "World"

(2) 2 * "god"

(3) 'm' not in 'mood'

(4) ord('A')

(5) ord('a')

(6) ord('Z')

(7) chr(97)

(8) len("不忘初心")

(9) len("hello")

(10) str(4+3j)

(11) str(2+1)

(12) 'good'[:2]

2. 已知字符串 s = "the lion king",将下列方法依次作用于字符串 s,写出其对应的输出结果:

(1) capitalize()

(2) lower()

(3) swapcase()

(4) title()

(5) upper()

3. 已知 s = "good looking",请写出下列代码的执行结果:

(1) s.count('oo')

(2) s.startswith('g')

(3) s.endswith('o')

(4) s.find('o')

(5) s.rfind('m')

(6) s.index('oo')

(7) s.rindex('m')

4. 写出下列代码的执行结果：

(1) '45'.isdigit()

(2) 'while'.isidentifier()

(3) '天'.isidentifier()

(4) '2sum'.isidentifier()

5. 写出下列代码的执行结果：

(1) '和为贵'.center(11, '*')

(2) 'abcda'.strip('ba')

(3) 'good idea'.replace('good', 'bad')

(4) '-5'.zfill(3)

6. 写出下列代码的执行结果：

(1) '='.join(('1', '2', '3'))

(2) tuple('god')

(3) '1-2-3'.partition('-')

(4) '1-2-3'.split('-')

(5) 'good luck'.split()

(6) 'long\u2029time\x85ago'.splitlines()

第8章

正则表达式

字符串提供的方法能够完成诸如匹配、定位中一些较简单的字符串处理任务，如判断变量 s 是否包含子串 123：

```
>>> s = 'good123luck'
>>> '123' in s
True
>>> s.find('123')                          #子串定位
4
>>> s.index('123')                         #子串定位
4
```

在一些较复杂的字符串处理任务中，如提取字符串 We456Love123China876 中所有的 3 个连续出现的十进制数字。此时，字符串提供的方法就无能为力了，这种情况就需要使用正则表达式技术。

8.1 正则表达式的定义

正则表达式(regular expression)是一个特殊的字符序列，它定义了字符串的匹配模式。本书有时将正则表达式简记为 regex。Python 语言在 re 模块中实现了正则表达式的功能，在使用前需要加载该模块：

```
>>> import re
```

先学习查找函数 re.search()的使用，其函数原型：

```
re.search(<regex>, <string>, <flag>)
```

参数说明如下：

regex：模式；

string：字符串；

flags：匹配标志。

功能：在字符串 string 中查找与模式 regex 第一次匹配的位置。

返回值：匹配成功时返回一个 match 对象；否则返回空(None)。

导入 re.search()函数的两种方式：

(1) import re，然后使用 re.search(…)。

(2) from re import search，然后直接使用 search(…)。

```
>>> s = 'go123home'
>>> import re
>>> re.search('123', s)
<_sre.SRE_Match object; span=(2, 5), match='123'>
```

上述代码返回一个 match 对象，表明模式 123 在字符串 s 中

在 search()函数返回的 match 对象中，属性 match 代表匹配的模式是什么，也就是<regex>；属性 span 表示匹配的起点和终点(不包括)，可以将此处的起点和终点作为切片的参数得到与<regex>相匹配的字符串：

```
>>> s[2:5]
'123'
>>> print(re.search('456', s))              #返回值为空，表明模式 456 未出现在 s 中
None
>>> if re.search('123', s):                 #函数 search()的返回值作为 if 语句的条件
        print("找到匹配！")
else:
        print("不匹配！")
```

程序的输出结果：

```
找到匹配！
```

8.2 元 字 符

元字符具有特殊含义，它能极大地增强 regex 引擎的搜索能力。表 8-1 中列出了 re 模块支持的元字符。

表 8-1 re 模块支持的元字符

字 符	含 义
.	匹配除换行符以外的任意单个字符
^	(1) 匹配行首； (2) 形成方括号字符类的补集，如[^ab]表示不匹配字母 a 和 b
$	匹配行尾
*	匹配 * 之前的字符或子模式 0 次或多次重复出现
+	类似于 *，匹配一次或多次重复出现

续表

字　符	含　义
?	(1) 类似于 * 和 +，匹配 0 次或一次重复出现； (2) 指定 *、+、和？的非贪婪版本； (3) 引入向前看或向后看断言； (4) 创建命名组
{}	匹配明确指定的重复次数，如{2, 3}表示重复 2 次或 3 次
\	(1) 转义元字符，使元字符失去其特殊含义； (2) 引入特殊的字符类，如\w、\d； (3) 引入分组回溯
[]	指定一个方括号字符类
|	指定替换项
()	创建组
:、#、=、!	指定特殊的组
<>	创建命名组

对于没有出现在表 8-1 中的其他字符，regex 解析器均将其看作普通字符。

8.2.1　方括号字符类与点

foo[td]可以匹配 foot、food。方括号字符类还支持使用连字符-，[a-z]匹配任意一个小写英文字母，从 a 到 z；而[A-Z]匹配任意一个大写英文字母，从 A 到 Z；[0-9]匹配任意一个阿拉伯数字从 0 到 9。

```
>>> re.search('foo[td]', 'football')
<_sre.SRE_Match object; span=(0, 4), match='foot'>
```

如果^是方括号字符类的第 1 个字符，则形成方括号字符类的补集。[^0-9]表示不匹配 0 到 9 十个阿拉伯数字。如果^不是方括号字符类的第 1 个字符，则它只是一个普通的字符。

下列模式仅匹配字符^本身：

```
>>> re.search('[#:^]', 'bat^god:hat#cool')
<_sre.SRE_Match object; span=(3, 4), match='^'>
```

regex 从左往右扫描字符串“bat^god:hat#cool”，只要搜索到方括号字符类中列出的字符，搜索立即结束。

如果想匹配连字符“-”本身，则将它作为方括号字符类的第一个字符或最后一个字符或使用反斜杠“\”对其进行转义：

```
>>> re.search('[-xyz]', '12-34')                #作为方括号字符类的第一个字符
<_sre.SRE_Match object; span=(2, 3), match='-'>
```

```
>>> re.search('[xyz-]', '12-34')                    #作为最后一个字符
<_sre.SRE_Match object; span=(2, 3), match='-'>
>>> re.search('[x\-yz]', '12-34')                   #用反斜杠\转义
<_sre.SRE_Match object; span=(2, 3), match='-'>
```

如果想匹配字符"["，则将它作为方括号字符类的最后一个字符或使用反斜杠"\"对其进行转义：

```
>>> re.search('[xyz[]', 'god[1]')
<_sre.SRE_Match object; span=(3, 4), match='['>
>>> re.search('[x\[yz]', 'god[1]')
<_sre.SRE_Match object; span=(3, 4), match='['>
```

类似地，如果想匹配字符"]"，则将它作为方括号字符类的第一个字符或使用反斜杠"\"对其进行转义：

```
>>> re.search('[]xyz]', 'god[1]')
<_sre.SRE_Match object; span=(5, 6), match=']'>
>>> re.search('[x\]yz]', 'god[1]')
<_sre.SRE_Match object; span=(5, 6), match=']'>
```

其他元字符在方括号字符类中都将失去其原来的特殊含义：

```
>>> re.search('[*|]', '12*34')                      #*和|两个字符都失去其特殊含义
<_sre.SRE_Match object; span=(2, 3), match='*'>
```

点"."匹配除换行符以外的任意单个字符。

```
>>> re.search('bat.bar', 'batxbar')                 #.匹配字符 x
<_sre.SRE_Match object; span=(0, 7), match='batxbar'>
>>> print(re.search('bat.bar', 'batbar'))           #.不能匹配空
None
>>> print(re.search('bat.bar', 'bat\nbar'))
None
```

在上述代码中，"."不能匹配换行符\n。

可以使用匹配标志 re.S 或 re.DOTALL，强制元字符"."匹配换行符，参见本章后面的内容。

8.2.2 字母、数字和空白字符模式

1. \w 和\W 模式

模式\w 匹配任意单个字母或数字字符，等价于[a-zA-Z0-9_]，一共包含 63 个字符，w 是 word(单词)的首字母。

```
>>> re.search('\w', ').x$')                         #模式\w 与).x$中的 x 相匹配
```

```
<_sre.SRE_Match object; span=(2, 3), match='x'>
>>> re.search('[a-zA-Z0-9_]', ').x$')          #模式[a-zA-Z0-9_]与模式\w等价
<_sre.SRE_Match object; span=(2, 3), match='x'>
```

模式\W与模式\w的功能正好相反，它等价于[^a-zA-Z0-9_]

```
>>> re.search('\W', 'a1_#b2')                   #模式\W与#相匹配
<_sre.SRE_Match object; span=(3, 4), match='#'>
```

2. \d和\D模式

模式\d匹配任意单个十进制数字字符，它等价于模式[0-9]，d是digit(数字)的首字母。

```
>>> re.search('\d', 'ab2cd')
<_sre.SRE_Match object; span=(2, 3), match='2'>
```

模式\D与模式\d的功能正好相反，它等价于模式[^0-9]：

```
>>> re.search('\D', 'ab2cd')
<_sre.SRE_Match object; span=(0, 1), match='a'>
```

3. \s和\S模式

模式\s匹配任何单个空白字符。Python语言支持6个空白字符，如表7-6所示。也就是说，模式\s等价于模式[\f\n\r\t\v]，s是space(空格)的首字母。

模式\S与模式\s的功能正好相反，它等价于模式[^ \f\n\r\t\v]。

```
>>> re.search('\s', 'good luck')                #模式\s匹配空格
<_sre.SRE_Match object; span=(4, 5), match=' '>
>>> re.search('\s', 'good\nluck')               #模式\s匹配换行符\n
<_sre.SRE_Match object; span=(4, 5), match='\n'>
>>> re.search('\S', ' \n god \n ')              #模式\S匹配字符g
<_sre.SRE_Match object; span=(3, 4), match='g'>
```

\w、\W、\d、\D、\s和\S可以在方括号字符类中使用。

```
>>> re.search('[\s\d\w]', '=1=')                #模式\d与1匹配①
<_sre.SRE_Match object; span=(1, 2), match='1'>
```

8.2.3 转义字符

转义字符“\”除了可以引入特殊字符类，如模式“\w”，还可以转义元字符，使元字符

① 模式\w也能与1相匹配，但是在方括号字符类中，模式\d出现在\w的前面，因此与1匹配的是模式\d而不是\w。

失去其特殊含义。

下面的“.”是元字符，匹配除换行符以外的任意单个字符：

```
>>> re.search('.', 'bat.bar')                    #匹配字符 b
<_sre.SRE_Match object; span=(0, 1), match='b'>
>>> re.search('\.', 'bat.bar')                   #转义“.”使其只能匹配自身
<_sre.SRE_Match object; span=(3, 4), match='.'>
```

假如想转义反斜杠自身该怎么办呢？使用两个反斜杠“\\”可以得到一个反斜杠吗？第一个反斜杠用来改变第 2 个反斜杠原来的特殊含义，这样可以吗？答案是否定的。想要传递两个反斜杠“\\”给 regex 解析器，需要使用 4 个反斜杠“\\\\”。这是因为 Python 解释器读取这 4 个反斜杠后，首先将其分为两组，前两个反斜杠一组，后两个反斜杠一组。每一组中的第一个反斜杠将第二个反斜杠转换为普通字符，最终 Python 解释器实际传递给 regex 解析器的是两个反斜杠，而这正是我们所需要的①。为了转义一个反斜杠需要使用四个反斜杠，这种用法显然太麻烦了，因此建议使用“r”修饰符，r 代表原始字符串“raw string”。r'\\'的意思是让 Python 解释器原封不动地将字符串“\\”传递给 regex 解析器：

```
>>> s = r'bat\bar'                               #注意使用 r 修饰符
>>> print(s)
bat\bar
>>> re.search(r'\\', s)                          #注意使用 r 修饰符
<_sre.SRE_Match object; span=(3, 4), match='\\'>
```

8.2.4 边界匹配

1. 匹配行首(^)

```
>>> re.search('^bat', 'batbar')                  #匹配成功
<_sre.SRE_Match object; span=(0, 3), match='bat'>
>>> print(re.search('^bat', 'barbat'))           #不匹配,barbat 不以 bat 开头
None
```

2. 匹配行尾($)

```
>>re.search('bar$', 'goalbar')                   #匹配成功
<_sre.SRE_Match object; span=(4, 7), match='bar'>
>>> print(re.search('bar$', 'bargoal'))          #不匹配,bargoal 不以 bar 结尾
None
```

一种特殊情况是在字符串末尾仅有一个换行符时也可以匹配。

① 此处只是想让 regex 解析器将反斜杠看作普通字符，因此需要传递给它两个反斜杠。

```
>>> re.search('bar$', 'goalbar\n')
<_sre.SRE_Match object; span=(4, 7), match='bar'>
```

由上述代码可知，模式 bar $ 既可以匹配 goalbar，又可以匹配 goalbar\n。但是在字符串末尾有两个及以上换行符时就不能匹配了，读者可以试一试。

3. \b 和\B 模式

模式\b 匹配一个单词[①]的开头或结尾，b 是 boundary(边界)的首字母。

```
>>> re.search(r'\bbat', 'good bat')
<_sre.SRE_Match object; span=(5, 8), match='bat'>
>>> re.search(r'\bbat', 'good-bat')
<_sre.SRE_Match object; span=(5, 8), match='bat'>
>>> re.search(r'\bbat', 'good.bat')
<_sre.SRE_Match object; span=(5, 8), match='bat'>
>>> print(re.search(r'\bbat', 'goodbat'))
None
>>> re.search(r'\bluck\b', 'good luck')          #匹配单词 luck
<_sre.SRE_Match object; span=(5, 9), match='luck'>
```

模式\B 与模式\b 的功能正好相反，它等价于模式[^\b]：

```
>>> print(re.search(r'\Bbat\B', 'bat'))         #不匹配
None
>>> re.search(r'\Bbat\B', 'goodbatbird')        #匹配
<_sre.SRE_Match object; span=(4, 7), match='bat'>
```

8.2.5 数量词

1. 量词“*”

匹配零次或多次重复。

```
>>> re.search('bat-*', 'bat')                   #匹配 0 个“-”
<_sre.SRE_Match object; span=(0, 3), match='bat'>
>>> re.search('bat-*', 'bat-')                  #匹配 1 个“-”
<_sre.SRE_Match object; span=(0, 4), match='bat-'>
>>> re.search('bat-*', 'bat--')                 #匹配 2 个“-”
<_sre.SRE_Match object; span=(0, 5), match='bat--'>
>>> re.search('bat.*luck', '#bat $whui@luck')
<_sre.SRE_Match object; span=(2, 16), match='bat $whui@luck'>
```

上述“.”匹配除换行符以外的任意单个字符，因此模式“.*”匹配“ $whui@”，共计 7

① 此处的单词只能由大小写 52 个英文字母、0～9 十个阿拉伯数字和一个下画线“_”组成。

个字符。

2. 量词“+”

匹配一次或多次重复。

```
>>> print(re.search('bat-+bird', 'batbird'))
None                                                    #不匹配
```

在上述代码中，字符串 batbird 中没有-，因此模式“bat-+bird”与之不匹配。

```
>>> re.search('bat-+bird', 'bat-bird')                  #匹配
<_sre.SRE_Match object; span=(0, 8), match='bat-bird'>
```

3. 量词“?”

匹配零次或一次重复。

```
>>> re.search('bat-?bird', 'batbird')                   #匹配，“-”出现 0 次
<_sre.SRE_Match object; span=(0, 7), match='batbird'>
>>> re.search('bat-?bird', 'bat-bird')                  #匹配，“-”出现 1 次
<_sre.SRE_Match object; span=(0, 8), match='bat-bird'>
>>> print(re.search('bat-?bird', 'bat--bird'))
None                                                    #不匹配
```

在上述代码中，字符“-”在字符串“bat--bird”中出现了 2 次，因此模式“bat-?bird”与之不匹配。

上述三个量词 *、+和? 单独使用时都是贪婪式的，也就是匹配尽可能多的字符。

```
>>> re.search('<.*>', '<bat><bird>')                    #贪婪式，匹配的是<bat><bird>
<_sre.SRE_Match object; span=(0, 12), match='<bat><bird>'>
```

在这三个量词 *、+和? 的后面各添加一个“?”，变成非贪婪式 *?、+? 和??。

```
>>> re.search('<.*?>', '<bat><bird>')                   #非贪婪式，匹配的是<bat>
<_sre.SRE_Match object; span=(0, 5), match='<bat>'>
>>> re.search('ha?', 'haaa')                            #贪婪式，匹配的是 ha
<_sre.SRE_Match object; span=(0, 2), match='ha'>
>>> re.search('ha??', 'haaa')                           #非贪婪式，匹配的是 h
<_sre.SRE_Match object; span=(0, 1), match='h'>
```

4. 量词“{m}”

匹配 m 次重复。

```
>>> print(re.search('a-{2}a', 'a-a'))                   #不匹配
None
>>> re.search('a-{2}a', 'a--a')                         #匹配
```

```
<_sre.SRE_Match object; span=(0, 4), match='a--a'>
```

5. 量词“{m，n}”

匹配至少 m 次，至多 n 次重复。

```
>>> re.search('a-{1,3}a', 'a---a')              #匹配
<_sre.SRE_Match object; span=(0, 5), match='a---a'>
```

省略 m 时模式“{，n}”等价于“{0，n}”；省略 n 时模式“{m，}”匹配至少 m 次重复；m 和 n 都省略时模式“{，}”匹配任意次重复，此时等价于“*”：

```
>>> re.search('bat-*', 'bat')                   #匹配 bat
<_sre.SRE_Match object; span=(0, 3), match='bat'>
>>> re.search('bat-{,}', 'bat')                 #匹配 bat,“{, }”等价于 *
<_sre.SRE_Match object; span=(0, 3), match='bat'>
```

注意：模式“{，}”中逗号不能省略。

```
>>> re.search('a{}b', 'aa{}bb')                 #将{}作为普通的字符串
<_sre.SRE_Match object; span=(1, 5), match='a{}b'>
```

量词“{m，n}”对应的非贪婪式为“{m，n}?”。实际上贪婪式“{m，n}”等价于“{n}”，而非贪婪式“{m，n}?”等价于“{m}”。

8.2.6 子模式

小括号“()”定义子模式或组。

```
>>> re.search('(bat)', 'good bat bird')         #定义一个组或子模式(bat)
<_sre.SRE_Match object; span=(5, 8), match='bat'>
```

注意：小括号“()”定义的组被作为一个整体看待。

```
>>> re.search('(bat)+', 'good batbat bird')
<_sre.SRE_Match object; span=(5, 11), match='batbat'>
```

在上述代码中，将模式 bat 看作一个整体，从而能够匹配字符串 good batbat bird 中的 batbat。

```
>>> re.search('bat+', 'good batbat bird')       #没有定义组，只能匹配 bat
<_sre.SRE_Match object; span=(5, 8), match='bat'>
```

模式“(bat)+”能匹配 bat、batbat、batbatbat 等；而模式“bat+”只能匹配 bat、batt、battt 等。

match 对象有两个方法 group()和 groups()。**groups()方法的返回值是一个元组，其中包含了从匹配中捕获的所有组**：

```
>>> m = re.search('(\w+),(\w+)','good,bat')
>>> m.groups()
('good', 'bat')
```

group(<n>)方法返回捕获的第 n 个字符串：

```
>>> m.group(1)                                   #第 1 个捕获的匹配项不是 m.group(0)
'good'
>>> m.group(2)                                   #第 2 个捕获的匹配项
'bat'
```

group(0)和 group()都返回整个匹配项：

```
>>> m.group(0)                                   #与 m.groups()方法的返回值进行对比
'good,bat'
>>> m.group()                                    #等价于 m.group(0)
'good,bat'
```

反向引用(backreference)：在同一个 regex 中使用刚刚捕获的组。\<n>代表捕获的第 n 组，n 是一个整数，其取值范围为[1, 99]。

```
>>> m = re.search(r'(\w+),\1', 'bat,bat')     #\1 反向引用(\w+)
>>> m
<_sre.SRE_Match object; span=(0, 7), match='bat,bat'>
>>> m.group(1)
'bat'
>>> m = re.search(r'(\w+),\1', 'good,bat')
>>> print(m)                                     #不匹配
None
```

注意：当 regex 中包含反向引用时最好使用 r 修饰符。

(?P <name> <regex>)创建命名捕获组，其中捕获组为 regex，组名为 name：

```
>>> m = re.search('(?P<m1>\w+),(?P<m2>\w+)','good,bat')
```

上述代码创建了两个命名捕获组，分别为 m1 和 m2。

```
>>> m.groups()
('good', 'bat')
```

可以使用名称引用这些捕获的组：

```
>>> m.group('m1')                                #使用名称 m1
'good'
>>> m.group('m2')                                #使用名称 m2
'bat'
>>> m.group('m2', 'm1')                          #使用命名捕获组的好处
('bat', 'good')                                  #返回一个元组
>>> m.group(1)                                   #仍然可以使用数字
```

```
'good'
```

(?P=<name>)是另一种形式的反向引用，等价于“\<n>”，匹配先前捕获的命名组：

```
>>> m = re.search(r'(\w+),\1', 'bat,bat')     #反向引用\1
>>> m.group(1)
'bat'
>>> m = re.search(r'(?P<word>\w+),(?P=word)', 'bat,bat')①
>>> m.group('word')
'bat'
```

(?:<regex>)创建非捕获组：

```
>>> m = re.search('(\w+),(?:\w+),(\w+)', 'one,two,three')
>>> m.groups()                                  #只捕获了 one 和 three
('one', 'three')
>>> m.group(1)
'one'
>>> m.group(2)
'three'
```

另外还有两个元字符，(?#...)和管道(|)：

(?#...)**指定注释**。regex 解析器将忽略掉(?#...)中的任何内容：

```
>>> re.search('bat(?#这里是注释)', 'bat bird')
<_sre.SRE_Match object; span=(0, 3), match='bat'>
```

管道(|)：指定一组匹配备选项。

```
>>re.search('a|b|c', 'abc')
<_sre.SRE_Match object; span=(0, 1), match='a'>
>>> re.search('(one|two|three)+', 'onetwo')
<_sre.SRE_Match object; span=(0, 6), match='onetwo'>
```

另外还有条件匹配、向前看断言(lookahead assertion)以及向后看断言(lookbehind assertion)，限于篇幅在此不再介绍。

8.3 匹配标志

正则表达式模块 re 支持的匹配标志，简要总结在表 8-2 中。

① (?P=word)反向引用(?P<word>)。

表 8-2 匹配标志

简 称	长 名 称	效 果
re.I	re.IGNORECASE	匹配时不区分大小写
re.M	re.MULTILINE	使"^"和"$"匹配多行
re.S	re.DOTALL	使点"."匹配换行符
re.X	re.VERBOSE	允许在 regex 中使用空格和注释
-	re.DEBUG	使 regex 解析器在控制台显示调试信息
re.A	re.ASCII	只匹配 ASCII 字符
re.U	re.UNICODE	匹配 Unicode 字符(默认值)
re.L	re.LOCALE	根据本地字符集匹配字符

1. re.I(re.IGNORECASE)

```
>>> re.search('a+', 'Aa')                          #只匹配 a
<_sre.SRE_Match object; span=(1, 2), match='a'>
>>> re.search('a+', 'Aa', re.I)                    #匹配标志 re.I 使之匹配 Aa
<_sre.SRE_Match object; span=(0, 2), match='Aa'>
```

2. re.M(re.MULTILINE)

```
>>> s = 'good\nbat\nbird'                         #变量 s 由 3 行字符串组成
>>> re.search('^good', s)                          #只匹配第 1 行行首
<_sre.SRE_Match object; span=(0, 4), match='good'>
>>> print(re.search('^bat', s))                    #不匹配第 2 行行首
None
>>> re.search('^bat', s, re.M)                     #re.M 使之也匹配第 2 行行首
<_sre.SRE_Match object; span=(5, 8), match='bat'>
>>> re.search('bird$', s)                          #匹配行尾
<_sre.SRE_Match object; span=(9, 13), match='bird'>
>>> print(re.search('good$', s))                   #不匹配第 1 行行尾
None
>>> re.search('good$', s, re.M)                    #匹配标志 re.M 使之匹配第 1 行行尾
<_sre.SRE_Match object; span=(0, 4), match='good'>
```

3. re.S(re.DOTALL)

使得点"."元字符也能与换行符相匹配:

```
>>> print(re.search('bat.bird', 'bat\nbird'))
None
```

在上述代码中,元字符"."与"\n"不能匹配。

```
>>> re.search('bat.bird', 'bat\nbird', re.S)
<_sre.SRE_Match object; span=(0, 8), match='bat\nbird'>
```

匹配标志 re.S 使得元字符“.”与“\n”能匹配。

4. re.X(re.VERBOSE)

该匹配标志允许在 regex 中使用空格和注释,以增加代码的可读性:

```
>>> regex = r'''
    (\w+)                                   #第 1 个单词
    \s                                      #空格
    (\w+)                                   #第 2 个单词
    '''
>>> m = re.search(regex, 'good luck', re.X)
>>> m.groups()
('good', 'luck')
```

5. re.DEBUG

命令 regex 解析器输出调试信息:

```
>>> re.search('a[123]{2,4}b', 'a222b', re.DEBUG)
LITERAL 97                                  #字符 a 的 ASCII 码值
MAX_REPEAT 2 4                              #最多重复 2 至 4 次
  IN
    LITERAL 49                              #字符 1 的 ASCII 码值
    LITERAL 50                              #字符 2 的 ASCII 码值
    LITERAL 51                              #字符 3 的 ASCII 码值
LITERAL 98                                  #字符 b 的 ASCII 码值
<_sre.SRE_Match object; span=(0, 5), match='a222b'>
```

6. re.A(re.ASCII)、re.U(re.UNICODE)和 re.L(re.LOCALE)

ASCII 和 LOCALE 匹配标志只有在特殊情况下才会用到。一般而言,最好使用默认的 Unicode 编码,它使 regex 解析器能正确地处理当今世界上的任何一种语言。也可以将上述匹配标志结合使用,如将 re.I 和 re.M 按位或操作符(|)结合起来:

```
>>> re.search('^bat', 'GOOD\nBAT\nBIRD', re.I | re.M)
<_sre.SRE_Match object; span=(5, 8), match='BAT'>
```

匹配标志除了可以作为 re 模块中函数的参数外,还可以在 regex 中使用,其使用方式为(?<flags>),flags 的值是集合{'a', 'i', 'L', 'm', 's', 'u', 'x'}中的一个或多个字符,这些字符与匹配标志之间的对应关系如表 8-3 所示。

表 8-3　flags 的取值范围

字　符	匹 配 标 志
a	re.A 或 re.ASCII
i	re.I 或 re.IGNORECASE
L	re.L 或 re.LOCALE
m	re.M 或 re.MULTILINE
s	re.S 或 re.DOTALL
u	re.U 或 re.UNICODE
x	re.X 或 re.VERBOSE

下面两种用法是等价的：

```
>>> re.search('^bat', 'GOOD\nBAT\nBIRD\n', re.I|re.M)
<_sre.SRE_Match object; span=(5, 8), match='BAT'>
>>> re.search('(?im)^bat', 'GOOD\nBAT\nBIRD\n')
<_sre.SRE_Match object; span=(5, 8), match='BAT'>
```

8.4　re 模块的常用方法

前面几节以 re 模块提供的 search()方法为例，讲解了正则表达式的相关内容，本节讲解 re 模块中的其他常用方法，如表 8-4 所示。

表 8-4　模块 re 的常用方法

方　法　名	功 能 描 述
compile(pattern[, flags])	创建模式对象
search(pattern, string[, flags])	在整个字符串中寻找模式，返回 match 对象或 None
match(pattern, string[, flags])	从字符串的开始处匹配模式，返回 match 对象或 None
findall(pattern, string[, flags])	列出字符串中模式的所有匹配项
split(pattern, string[, maxsplit=0])	依据模式的匹配项切割字符串
sub(pattern, repl, string[, count=0])	将字符串中所有 pattern 的匹配项用 repl 代替[①]
escape(string)	将模块 re 中具有特殊含义的字符进行转义

① sub()方法是代替(substitute)的意思。

1. compile()方法

```
import re
pat = re.compile('red')                          #将正则表达式模式组合成模式对象
result = pat.findall('a red red rose.')
print(result)
result2 = pat.findall("a blue rose and a red rose.")
print(result2)
```

上述代码的输出结果：

```
['red', 'red']
['red']
```

2. match()方法

```
import re
lt = ["good guy", "good luck", "good look"]
for ele in lt:
    z = re.match("(g\w+)\W(l\w+)", ele)
    if z:
        print(z.groups())
```

上述代码的输出结果：

```
('good', 'luck')
('good', 'look')
```

3. findall()方法

```
import re
txt = "whui@tust.edu.cn, ylx@qq.com, abc@google.com"
emails = re.findall(r'[\w\.-]+@[\w\.-]+', txt)
for email in emails:
    print(email)
```

上述代码的输出结果：

```
whui@tust.edu.cn
ylx@qq.com
abc@google.com
```

4. split()方法[①]

```
import re
txt = "12__one,,two,_three_,four"
```

① 正则表达式模块 re 提供的 split()方法，比字符串对象提供的 split()方法功能更强大。

```
result = re.split('[_,][_,]', txt)
print(result)
```

上述代码的输出结果：

```
['12', 'one', 'two', 'three', 'four']
import re
txt = "one75two6three314four"
result = re.split('\d+', txt)
print(result)
```

上述代码的输出结果：

```
['one', 'two', 'three', 'four']
```

5. sub()方法

```
import re
phone = "655-635-00     #这是一个座机号码"
#删除注释
num = re.sub(r'#.*$', "", phone)
print("Phone Number:", num)
#除数字之外删除所有的符号
num = re.sub(r'\D', "", phone)
print("Phone Number:", num)
```

上述代码的输出结果：

```
Phone Number: 655-635-00
Phone Number: 65563500
```

6. escape()方法

```
>>> p = '3*(21).5?'
>>> re.escape(p)
'3\\*\\(21\\)\\.5\\?'
```

上述代码显示了 re.escape()方法是如何将字符串中的特殊字符进行转义的。

8.5 小　　结

为解决较复杂的字符串处理任务，Python 语言提供了正则表达式模块 re，具体内容包括正则表达式的定义、元字符、匹配标志和 re 模块的常用方法，如 compile()方法、search()方法、match()方法、escape()方法等。

练习题 8

1. 提取字符串“yogurt at 24”中的英文单词并输出。

2. 提取字符串变量 txt 中的手机号码并输出。

```
txt = '''
王同学:18698064670
张同学:022-60600219
李同学:15022523916
'''
```

3. 输出字符串 s = "a red red flag"中连续出现两次的单词。

4. 输出字符串 s = "您好！ 中国 2020"中所有的汉字。

5. 请删除字符串 s = "\taa   b cde ff   "中多余的空格，多个连续的空格只保留一个，字符串左右两边的所有空白字符也要删除。

6. 求表达式 re.sub('\d+', '1', 'a123bb45c')的值。

7. 求表达式''.join(re.findall('\d+', 'abcd1234'))的值。

8. 求表达式 re.split('\.+', 'one.two...three')的值。

9. 已知 x = 'a24b123c'，求表达式 re.split('\d+', x)的值。

10. 求表达式''.join(re.split('[ds]','asdssff'))的值。

11. 求表达式 re.findall('(\d)\\1+', '33ad112')的值。

12. 代码 print(re.match('ab', 'def'))的输出结果是什么？

13. 代码 print(re.match('^[a-zA-Z]+$','abc000DEF'))的输出结果是什么？

14. 求表达式 re.search(r'\w*?(?P<f>\b\w+\b)\s+(?P=f)\w*?', 'a red red rose.').group(0) 的值。

第9章

异常处理与代码调试

首先要区分错误(error)与异常(exception),错误发生在编译/翻译阶段。

```
>>> if a <5                                        #整数 5 后面缺少一个英文冒号:
SyntaxError: invalid syntax
```

错误也会发生在运行阶段,此时叫作异常。

```
>>> 1 / 0                                          #被 0 除
Traceback (most recent call last):
  File "<pyshell#320>", line 1, in <module>
    1 / 0
ZeroDivisionError: division by zero
```

9.1 异常处理结构

1. assert 断言语句

```
>>> import sys
>>> assert('Linux' in sys.platform), "此代码只能在 Linux 系统上运行!"
```

如果在 Linux 操作系统运行上述代码,则 assert 断言的执行结果为 True,程序继续执行;而在 Windows 操作系统运行上述代码时,断言的执行结果为 False,程序的执行结果如下:

```
Traceback (most recent call last):
  File "<pyshell#327>", line 1, in <module>
    assert('Linux' in sys.platform), "此代码只能在 Linux 系统上运行!"
AssertionError:此代码只能在 Linux 系统上运行!
```

在本例中,抛出断言错误 AssertionError 后程序就会停止运行。

2. try - except 语句

在 try 语句中编写可能引发异常的代码,而把捕获或处理异常的代码放在 except 子句中：

```
try:
    在此处编写代码
except Exception1:
    如果发生 Exception1 异常,则执行此处的代码
except Exception2:
    如果发生 Exception2 异常,则执行此处的代码
    ⋮
else:
    如果没有异常发生,则执行此处的代码
finally:
    无论发生什么情况,都会执行此处的代码
```

这里有两点需要注意：

(1) 一个异常处理结构可以没有 except 子句、else 子句或 finally 子句。

(2) try 语句不能单独使用,必须与 except 子句或 finally 子句配合使用。

下面给出一个示例：

```
try:
    fp = open('app.log', 'w')              #以写 w 模式打开文件 app.log
    fp.write('测试异常!')                   #将"测试异常!"输出到该文件
except IOError:                            #输入输出错误 IOError
    print("文件错误!")
else:                                      #无异常发生时执行此处代码
    print("写入成功!")
fp.close()                                 #关闭文件
```

程序的运行结果：

```
写入成功!
```

当然,上述代码除了在控制台输出字符串"写入成功!"外,还在当前文件夹下生成一个文件 app.log,该文件的内容只有一行字符串"测试异常!"。

再看一个例子,在该例子中以读模式 r 打开一个文件,如果此时执行写操作则抛出异常：

```
try:
    fp = open('app.log', 'r')              #以只读模式 r 打开文件 app.log
    fp.write("测试异常!")                   #引发异常,文件以只读模式打开,不能写
except IOError:                            #输入输出错误 IOError
    print("文件错误!")
else:                                      #无异常发生时执行此处代码
    print("写入成功!")
fp.close()                                 #关闭文件
```

程序的运行结果：

```
文件错误!
```

如果在异常处理结构中只使用一个 except 子句，那么它将捕获所有类型的异常。虽然这样做省时省力，但这并不是一种好的编程实践，因为程序员不能据此确定是什么问题导致程序发生了异常。当 try 语句块中的代码发生异常时，在异常点之后的代码将被跳过，程序的控制流直接跳转到相应的异常处理子句。

下面给出一个示例：

```
try:
    fp = open('app.log', 'r')                  #以只读模式 r 打开文件 app.log
    fp.write("测试异常!")                       #引发异常,文件以只读模式打开,不能写
    print('try语句块执行完毕!')
finally:
    fp.close()                                 #关闭文件
    print('finally子句执行完毕!')
```

上述代码的执行结果：

```
finally子句执行完毕!
Traceback (most recent call last):
  File "C:/Users/whui/Desktop/Python教材编写/demo.py", line 3, in <module>
    fp.write("测试异常!")
io.UnsupportedOperation: not writable
```

由上述代码的执行结果可以看出，第一个 print()语句并没有被执行，因为它的前一条语句引发了异常，异常点之后的代码(try 语句块中)都被跳过了。尽管发生了异常，但是 finally 子句依然被执行了。修改上述代码，将只读模式 r 修改为写模式 w，重新执行上述程序，代码的执行结果如下：

```
try语句块执行完毕!
finally子句执行完毕!
```

异常处理结构是可以嵌套使用的。下面的示例代码往一个以只读模式 r 打开的文件中写入数据：

```
try:
    try:
        #以只读模式 r 打开文件 app.log
        fp = open('app.log', 'r')
        fp.write("测试异常!")                   #将字符串"测试异常!"输出到该文件
        print('try语句块执行完毕!')
    finally:
        fp.close()                             #关闭文件
        print('finally子句执行完毕!')
except IOError:                                #输入输出错误 IOError
    print("文件错误!")
```

程序的执行结果：

```
finally子句执行完毕!
文件错误!
```

内层的 try 语句块引发了异常，但是没有捕获(catch)，该异常被外层的异常处理结构捕获并处理了。

3. raise 语句

可以使用 raise 语句主动抛出异常，下面的代码使用 raise 抛出"内存错误"异常。

```
>>> raise MemoryError
Traceback (most recent call last):
  File "<pyshell#0>", line 1, in <module>
    raise MemoryError
```

MemoryError 异常可以带有参数：

```
>>> raise MemoryError('This is an argument')
Traceback (most recent call last):
  File "<pyshell#1>", line 1, in <module>
    raise MemoryError('This is an argument')
```

在上述代码中，给异常类 MemoryError 传递了一个字符串参数"**This is an argument**"。

下面给出一个具体的示例。

```
try:
    a = int(input("请输入一个正整数:"))
    if a <= 0:
        #抛出 ValueError 异常
        raise ValueError('这不是一个正数!')
except ValueError as ve:                              #捕获 ValueError 异常
    print(ve)
```

执行上述代码，输入－5，程序的执行结果如下：

```
请输入一个正整数:-5
这不是一个正数!
```

9.2 自定义异常

自定义异常的基本思路：从基础异常类 Exception 派生出一个新的异常类。

接下来自定义一个异常类 UserDefinedError。

```
>>> class UserDefinedError(Exception):
    pass                                        #其父类为 Exception
>>> raise UserDefinedError                      #抛出自定义异常 UserDefinedError
Traceback (most recent call last):
  File "<pyshell#6>", line 1, in <module>
    raise UserDefinedError
```

UserDefinedError 为自定义异常类传递一个实参：

```
>>> raise UserDefinedError('An error occurred.')
Traceback (most recent call last):
  File "<pyshell#7>", line 1, in <module>
    raise UserDefinedError('An error occurred.')
```

UserDefinedError：An error occurred.

下面通过一个示例演示如何引发用户自定义的异常类，并捕获程序中出现的错误。程序的功能如下：

(1) 提示用户反复输入一个字符，直至输入的字符等于程序中指定的字符为止。

(2) 在没有猜中之前，提示用户的猜测是大于还是小于指定的字符。

下面演示自定义异常类的使用：

```
class Error(Exception):
    """ 其他自定义异常类的基类 """
    pass                                        #空语句不执行任何操作，为语法需要而添加
class TooSmallError(Error):
""" 当输入的字母小于实际字母时引发该异常 """
    pass
class TooLargeError(Error):
""" 当输入的字母大于实际字母时引发该异常 """
    pass

alphabet = 'n'                                  #实际字母的值
while True:                                     #无限循环
    try:
        letter = input("输入一个英文字母:")
        if letter <alphabet:
            raise TooSmallError                 #抛出异常 TooSmallError
        elif letter >alphabet:
            raise TooLargeError                 #抛出异常 TooLargeError
        break
    except TooSmallError:                       #处理异常 TooSmallError
        print("输入的字母太小，请再试一次！")
        print()                                 #输出一个空行
    except TooLargeError:                       #处理异常 TooLargeError
        print("输入的字母太大，请再试一次！")
```

```
        print()                                #输出一个空行
print("恭喜!你猜对了。")
```

程序的一次运行结果如下：

```
输入一个英文字母:c
输入的字母太小,请再试一次!

输入一个英文字母:w
输入的字母太大,请再试一次!

输入一个英文字母:n
恭喜!你猜对了。
```

为了方便查阅，表 9-1 列出了 Python 内置的 33 个异常类。

表 9-1　Python 内置的异常类

异　　常	发生异常的原因
ArithmeticError	数值计算错误
AssertionError	断言语句 assert 为假
AttributeError	属性引用或赋值失败
BaseException	所有异常的基类
EOFError	不能读取数据或文件指针已位于文件末尾
Exception	内置的、非系统退出异常类的基类
EnvironmentError	发生在 Python 环境之外的错误
FloatingPointError	浮点操作失败
GeneratorExit	调用了生成器的 close()方法
ImportError	模块不可用
IOError	输入/输出操作错误
IndexError	序列的索引超出范围
KeyError	字典中不存在指定的键
KeyboardInterrupt	用户输入了中断键(Ctrl-C 或 Delete)
MemoryError	内存不足
NameError	变量在局部或全局范围内未找到
NotImplementedError	父类的抽象方法在继承类中未实现
OSError	系统操作错误

续表

异　常	发生异常的原因
OverflowError	算术运算的结果超出范围
ReferenceError	弱引用代理访问一个引用的属性,而该引用已被垃圾回收器收集
RuntimeError	生成的错误不属于任何类别
StandardError	所有内置异常的基类(StopIteration 和 SystemExit 除外)
StopIteration	next()函数没有要返回的项
SyntaxError	Python 语法错误
IndentationError	缩进错误
TabError	混合使用制表符和空格进行代码缩进
SystemError	解释器检测到内部错误
SystemExit	函数 sys.exit()抛出的异常
TypeError	函数或方法使用了类型错误的对象
UnboundLocalError	引用的变量未赋值
UnicodeError	Unicode 编码或解码错误
ValueError	函数得到的参数值不正确
ZeroDivisionError	除法或模运算的第 2 个操作数为 0,如 1/0、2%0

9.3 代码调试

当发生下列几种情况时,进行代码调试(debugging)几乎是唯一的选择:

(1) 代码编译/翻译时出现错误,这通常是由语法错误引起的;

(2) 代码运行时发生错误;

(3) 执行代码时虽然没有发生错误,但是得到的执行结果与预期结果不相符。

在 Python 语言中有很多代码调试工具,如 pdb。本节使用 Python 解释器自带的集成开发环境 IDLE 进行代码调试,其步骤如下:

(1) 使用 IDLE 打开 Python 源程序,如图 9-1 所示;

(2) 在菜单栏中依次选择 Run→Python Shell,此时弹出一个交互式 IDLE,如图 9-2 所示,在该界面中继续选择 Debug→Debugger,打开调试控制台(Debug Control),如图 9-3 所示;

test_sample.py - C:\Users\whui\Desktop\Python教材编写\test_sample.py (3.5.3)

File Edit Format Run Options Window Help

```
from tkinter import *
from tkinter import messagebox

def validate():
    if user.get() == 'admin' and password.get() == '1234':
        messagebox.showinfo("恭喜", "登录成功")
    else:
        messagebox.showerror("遗憾", "登录失败")

```

Ln: 10 Col: 11

图 9-1 使用 IDLE 打开源程序

Python 3.5.3 Shell

File Edit Shell Debug Options Window Help

```
Python 3.5.3 (v3.5.3:1880cb95a742, Jan 16 2017, 16:02:32) [
MSC v.1900 64 bit (AMD64)] on win32
Type "copyright", "credits" or "license()" for more informa
tion.
>>> 
```

Ln: 3 Col: 4

图 9-2 交互式 IDLE

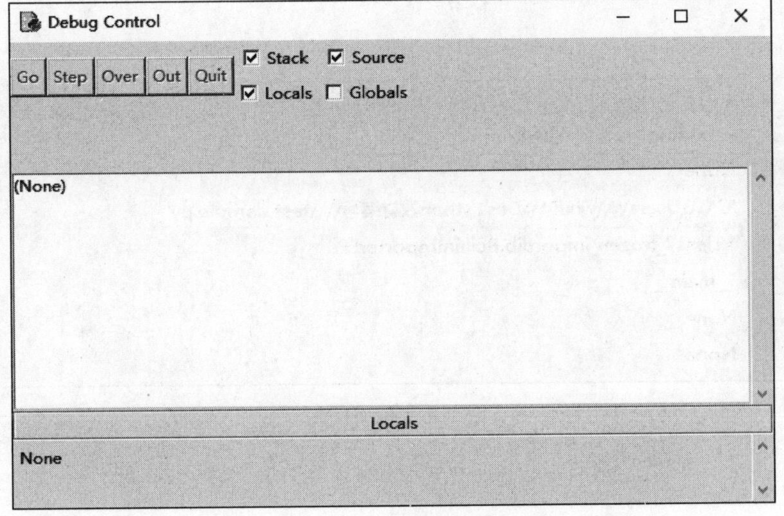

图 9-3 IDLE 调试控制台

(3) 在图 9-1 的源程序中设置断点(breakpoint),右击源程序的某一行,在弹出的菜单中选择 Set Breakpoint 选项,该行代码将变为黄色;

(4) 在图 9-1 的菜单栏中依次选择 Run→Run Module,进入源程序的调试模式,如图 9-4 所示。

在调试模式下,使用图 9-4 中的 5 个工具按钮进行代码调试,这五个按钮分别是 Go、Step、Over、Out、Quit,它们的功能如下。

- Go:跳至断点。
- Step:进入函数。
- Over:单步执行。
- Out:跳出函数。
- Quit:结束调试。

选中图 9-4 中的 Source 复选框,并将图 9-1 所示的源代码窗口与图 9-4 所示的调试控制台窗口并列放置,调试代码的效果会更好。

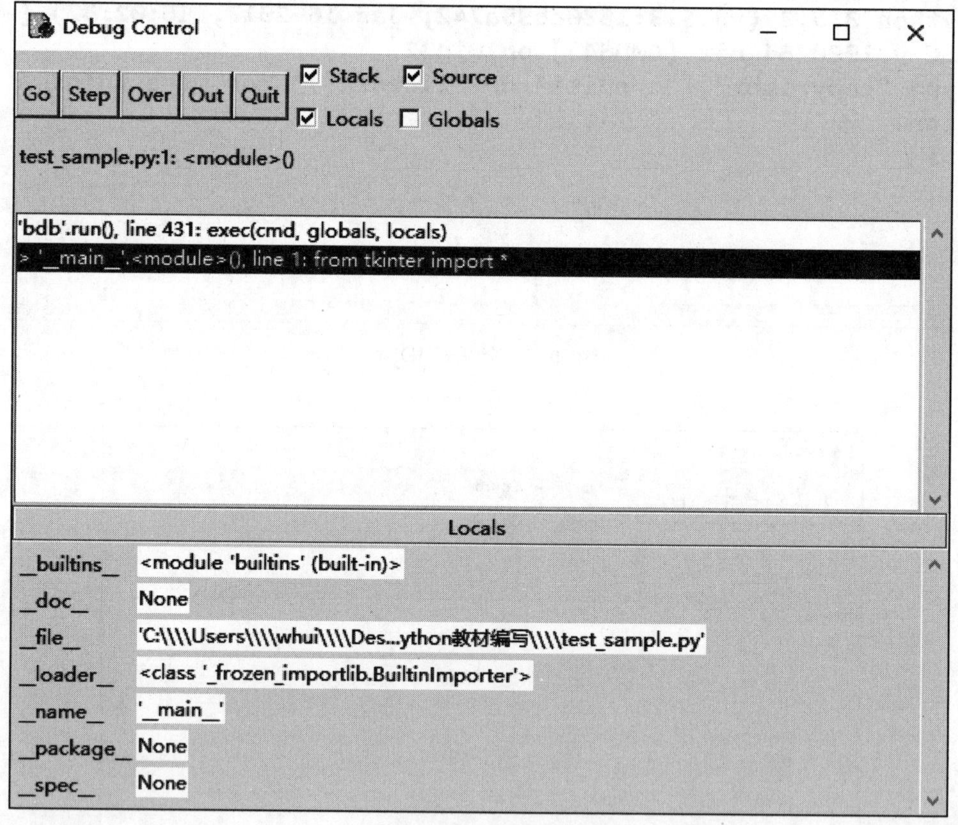

图 9-4 调试模式

9.4 代码测试

代码测试包括单元测试(unit test)和集成测试(integration test),通常先进行单元测试,测试通过后再进行集成测试。本书只讲述单元测试,对集成测试感兴趣的读者请查阅相关资料。假如在当前文件夹下有一个文件名为 name_function.py 的 Python 源程序,代码如下:

```
#文件名 name_function.py
def name_formatted(first_name, last_name):
    '''
    首先在名字和姓氏中间添加一个空格以得到全名,
    然后将全名中各个单词的第一个字母大写并返回。
    参数:
    first_name: 名字
    last_name: 姓氏
    '''
    full_name = first_name + ' ' + last_name
    return full_name.title()
```

为了检验 name_function.py 文件中定义的函数 name_formatted()是否正确,专门编写了 test_name_function.py 测试程序,在该程序中允许用户输入任意数量的名字和姓氏:

```
#文件名 test_name_function.py
from name_function import name_formatted
print("请输入名字和姓氏或输入 x 退出程序运行!")
while True:
    first_name = input("请输入名字:")
    if first_name == "x":
        print("再见!")
        break
    last_name = input("请输入姓氏:")
    if last_name == "x":
        print("再见!")
        break
    result = name_formatted(first_name, last_name)
    print("您的全名:" + result)
```

尽管上述单元测试的方法是可行的,但其不足之处也是显而易见的:

(1) 程序返回的调试信息十分有限,如不能给出程序执行的时间;

(2) 更重要的是该方法烦琐,尤其是当程序的规模变得越来越大的时候。

在 Python 标准库中有一个单元测试模块 unittest,它包含测试代码的工具。测试用例(test case)是一组测试的集合。创建测试用例时必须考虑到一个函数可以从用户那里接收到的、所有可能的输入。下面给出创建测试用例的步骤：

(1) 创建一个测试文件 test_name_function.py；

(2) 导入 unittest 单元测试模块；

(3) 定义一个测试类 NameTestCase,该类从 unittest 类继承；

(4) 编写一系列方法来测试函数行为的所有可能情况。

```
#文件名 test_name_function.py
import unittest                                    #加载 unittest 模块
#加载 name_formatted()函数
from name_function import name_formatted
#定义测试类
class NameTestCase(unittest.TestCase):
    def test_first_last_name(self):
        result = name_formatted("harry", "potter")
        self.assertEqual(result, "Harry Potter")

if __name__ == '__main__':
    unittest.main()
```

当执行 test_name_function.py 单元测试程序时,以 test_开头的函数都将自动运行。执行上述代码的输出结果：

```
.
----------------------------------------------------------------------
Ran 1 test in 0.041s

OK
```

代码调试结果的第 1 行：

```
.
```

点"."代表成功,表明测试用例中有一个测试正确地运行了。

代码调试结果的第 2 行：

```
Ran 1 test in 0.041s
```

给出测试的数量和完成测试所需的时间。

代码调试结果的第 3 行：

```
OK
```

给出测试状态的文本消息。

上面是单元测试成功的情况,那么单元测试失败时又会输出什么信息呢？修改 name_formatted()函数的定义,新增一个形式参数 middle_name：

```
#文件名 name_function.py
def name_formatted(first_name, last_name, middle_name):
    '''
    在名字和中间名、姓氏和中间名之间各添加一个空格以得到
    全名,然后将全名中各个单词的第一个字母大写并返回。
    参数:
    first_name: 名字
    last_name: 姓氏
    middle_name: 中间名
    '''
    full_name = first_name + ' ' + middle_name + ' ' + last_name
    return full_name.title()
```

源程序修改完毕,再次执行单元测试程序 test_name_function.py,代码的调试结果:

```
E
======================================================================
ERROR: test_first_last_name (__main__.NameTestCase)
----------------------------------------------------------------------
Traceback (most recent call last):
  File "C:\Users\whui\Desktop\Python 教材编写\test_name_function.py", line 7,
in test_first_last_name
    result = name_formatted("harry", "potter")
TypeError: name_formatted() missing 1 required positional argument: 'middle_
name'

----------------------------------------------------------------------
Ran 1 test in 0.008s

FAILED (errors=1)
```

代码调试结果的第 1 行:

```
E
```

E 代表 Error 错误,表明测试用例中有一个测试发生了错误。
代码调试结果的第 2 行:

```
ERROR: test_first_last_name (__main__.NameTestCase)
```

给出错误发生的类名和方法名,此处分别为 NameTestCase 和 test_first_last_name()。
代码调试结果的第 3 部分:

```
Traceback (most recent call last):
  File "C:\Users\whui\Desktop\Python 教材编写\test_name_function.py", line 7,
in test_first_last_name
    result = name_formatted("harry", "potter")
```

给出错误发生的代码行。

代码调试结果的第 4 部分：

```
TypeError: name_formatted() missing 1 required positional argument: 'middle_
name'
```

指出这是一种什么类型的错误，在本例中是因为缺少 1 个位置参数 middle_name。

代码调试结果的第 5 行：

```
Ran 1 test in 0.008s
```

给出测试的数量和完成测试所需的时间。

代码调试结果的第 6 行：

```
FAILED (errors=1)
```

给出测试状态的文本消息以及发生的错误数量。

由此可见，借助于 Python 解释器自带的单元测试模块 unittest，程序员可以轻松获得更多的代码调试信息。

当单元测试程序发生错误时，应当多花点时间修改源代码而不是修改单元测试程序。在本例中，函数 name_formatted()的最初定义只有两个形参，后来重写该函数时又增加了一个形参 middle_name，这就导致了函数预期行为的改变。怎样修改源代码，使其对单元测试程序的影响最小呢？一个巧妙的办法是将必选参数 middle_name 修改为可选参数：

```
#文件名 name_function.py
def name_formatted(first_name, last_name, middle_name=''):
    '''
    在名字和中间名、姓氏和中间名之间各添加一个空格以得到
    全名，然后将全名中各个单词的第一个字母大写并返回。
    参数：
    first_name: 名字
    last_name: 姓氏
    middle_name: 中间名，可选参数，默认值为空
    '''
    if len(middle_name) >0:
        full_name = first_name + ' ' + middle_name + ' ' + last_name
    else:
        full_name = first_name + ' ' + last_name
    return full_name.title()
```

至此，无论是否给形参 middle_name 赋值，函数 name_formatted()都能正常地执行。再次执行单元测试程序 test_name_function.py，代码的调试结果：

```
.
----------------------------------------------------------------------
```

```
Ran 1 test in 0.016s

OK
```

由上述可知，单元测试程序运行正常，这说明源程序的执行结果与预期结果相一致。下面为 NameTestCase 类添加一个新方法，以便测试形式参数 middle_name：

```
import unittest
#加载模块 name_function 中的 name_formatted()函数
from name_function import name_formatted

class NameTestCase(unittest.TestCase):
    def test_first_last_name(self):
        result = name_formatted("harry", "potter")
        self.assertEqual(result, "Harry Potter")
    def test_first_last_middle_name(self):
        result = name_formatted("james", "robert", "smith")
        self.assertEqual(result, "James Smith Robert")
if __name__ == '__main__':
    unittest.main()
```

再次执行单元测试程序 test_name_function.py，代码的调试结果：

```
..
----------------------------------------------------------------------
Ran 2 tests in 0.011s

OK
```

代码调试结果的第 1 行：

```
..
```

两个点“.”表示测试用例中有两组测试都成功了。

代码调试结果的第 2 行：

```
Ran 2 test in 0.011s
```

给出测试的数量和完成测试所需的时间。

代码调试结果的第 3 行：

```
OK
```

给出测试状态的文本消息。

unittest 模块提供了很多方法来断言变量的值、类型和存在性，如本节例子中反复出现的 assertEqual()方法，表 9-2 中列出了其中一些最常用的方法。

表 9-2　unittest 模块提供的方法

方　法	等　价　于
assertEqual(a, b)	a == b
assertTrue(x)	boo(x)为 True
assertFalse(x)	bool(x)为 False
assertIs(a, b)	a is b
assertIsNone(x)	x is None
assertIn(a, b)	a in b
assertIsInstance(a, b)	isinstance(a, b)

另外,assertIs()、assertIsNone()、assertIn()和 assertIsInstance()这 4 个方法都有对应的、功能相反的方法,如与 assertIs()方法功能相反的方法是 assertIsNot()。

9.5　小　　结

错误发生在编译或翻译阶段,而异常发生在运行阶段。处理异常有三种方式,它们分别是 assert 断言语句、try-except 语句和 raise 抛出语句,其中 try-except 语句的功能最强大。try 语句不能单独使用,必须与 except 子句或 finally 子句配合使用。另外,一个完整的 try-except 异常处理结构还包括 else 子句和 finally 子句。无论 try 语句块中的语句是否发生异常都会执行 finally 子句,而 else 子句只有在 try 语句块中的语句不发生异常时才会被执行。

可使用 IDLE 进行代码调试,以便定位错误发生的确切位置。代码测试包括单元测试和集成测试。程序开发的过程中通常先进行单元测试,再进行集成测试,限于篇幅本书只讲述了单元测试。Python 标准库中有一个单元测试模块 unittest,它包含测试代码的工具。

练习题 9

1. 断言语句使用的关键字是________。
2. 主动抛出异常使用的关键字是________。
3. Python 所有异常类的基类是________。
4. 异常 SyntaxError 发生的原因是________。
5. 异常 ZeroDivisionError 发生的原因是________。
6. 在异常处理结构中先处理具体异常还是先处理一般异常?
7. finally 子句主要用于无论是否发生异常情况,都需要执行一些清理工作的场合,请举出几个这样的例子。

8. 在 try-except-else-finally 异常处理结构中，列举程序控制流的几种情况。

9. 查阅资料，列举单元测试的标准库或扩展库。

10. 对 Python 语言的内置函数 sum()进行单元测试。

11. 参照“自定义异常”一节中的猜字母游戏，试编写一个猜数字游戏。

第10章

文件和文件夹

文件是计算机系统中存储信息的容器。文件的类型有很多种,如文本文件、二进制文件。文本文件是由可见字符组成的,如扩展名为 txt、docx 的文件。二进制文件是相对于文本文件而言的,即只要文件中含有除可见字符之外的其他字符(主要是控制字符),就是二进制文件,如可执行文件、音频文件、视频文件等。在计算机系统中,文件可以存储在光盘、硬盘或其他类型的存储设备上。文件夹是计算机系统中存储文件的位置。本章学习使用 Python 程序操作文件和文件夹。

10.1 文本文件

在 Python 语言中,文件操作按以下步骤进行:

(1) 打开文件并返回一个文件对象或句柄(handler);

(2) 使用该句柄执行读写操作;

(3) 关闭该句柄。

Python 语言使用内置函数 open()打开一个文件:

```
>>> f = open("test.txt")                    #文件对象或句柄 f
```

如果文件无法打开,就会引发一个 OSError 异常。打开的文件要么是一个文本文件(默认),要么是一个二进制文件。从文本文件中读出的是字符串;从二进制文件中读出的是字节。文件的打开模式有多种,如表 10-1 所示。

表 10-1 文件的打开模式

模式	全称	功能描述
r	read	只读模式(默认)
w	write	只写模式。如果文件不存在,则创建新文件;否则清空文件
x	exclusive	只写模式。如果文件已存在,则抛出异常
a	append	追加模式。在文件末尾添加内容而不清空它;如果不存在,则创建新文件

续表

模式	全称	功能描述
t	text	以文本模式打开(默认)
b	binary	以二进制模式打开
+	-	读写模式

```
f = open("test.txt", "w")                    #文本模式下的写操作
f = open("imp.jpg", "r+b")                   #二进制模式下的读和写
```

在文本模式下处理文件时,建议指定编码类型:

```
f = open("test.txt", mode='r', encoding='utf-8')
```

执行文件读写操作有时会发生异常,此时程序会中途退出而不能关闭文件,为避免发生这种情况,可使用 try ... finally 异常处理结构:

```
try:
    f = open("test.txt", encoding='utf-8')
finally:
    f.close()                                #关闭文件
```

其实,一种更方便、更安全地关闭文件的方法是使用 with 语句。一旦程序退出 with 语句,系统就会自动关闭文件,而无须显式地调用文件的 close()方法:

```
with open("test.txt", encoding="utf-8") as f:
    执行文件操作
```

往文件中写数据时,可使用 w 模式、a 模式或 x 模式打开文件。write(s)函数将字符串 s 写入文件,其返回值是写入文件的字符数:

```
>>> f = open("test.txt", "w", encoding='utf-8')
>>> f.write("hello")
5
>>> f.write("中国")
2
>>> f.close()
```

在写入其他类型的数据之前,需要先将其转换为字符串(文本模式)或字节(二进制模式):

```
>>> f = open('test.txt', 'w')
>>> num = 12
>>> s = str(num)                             #将整数转换为字符串
>>> f.write(s)
2
>>> f.close()
```

读文件时需要以读模式 r 打开文件。可使用 read(size)方法读取 size 个字符,如果不

指定参数值，该方法将读取并返回文件剩余的所有内容：

```
>>> f = open("test.txt", "r", encoding="utf-8")
>>> f.read(5)
'hello'
>>> f.read(2)
'中国'
>>> f.read()                                      #到达文件末尾，返回一个空字符串
''
>>> f.close()
```

可使用 seek()方法更改文件指针的位置；tell()方法返回文件指针的当前位置，单位为字节：

```
>>> f = open("test.txt", "r", encoding="utf-8")
>>> f.tell()                                      #文件指针在文件头
0
>>> f.read(5)                                     #读取 5 个字符
'hello'
>>> f.tell()                                      #查看文件指针的当前位置
5
>>> f.seek(0)                                     #将文件指针重新定位到文件头
0
>>> f.read(5)                                     #再次读取这 5 个字符
'hello'
>>> f.read()                                      #读取文件剩余的所有内容
'中国'
>>> f.tell()                                      #一个汉字用 3 个字节存储
11
>>> f.close()                                     #关闭文件
```

以二进制模式打开一个文件 test.dat：

```
>>> f = open('test.dat', 'wb+')
>>> f.write(b'12ab')
4
>>> f.tell()
4
>>> f.close()
```

为了快速、高效地逐行读取文件，可使用 for 循环。假如有一个文本文件 test.txt，其内容如下：

```
the first line.
the second line.
the third line.
```

执行下列代码：

```
>>> f = open("test.txt", encoding='utf-8')
>>> for line in f:
    print(line, end='')                    #文件 test.txt 的前两行各有一个换行符
```

上述代码的输出结果：

```
the first line.
the second line.
the third line.
```

也可以使用 readline()方法依次读取文件的各行：

```
>>> f = open("test.txt", encoding='utf-8')
>>> f.readline()                           #读取第 1 行
'the first line.\n'
>>> f.readline()                           #读取第 2 行
'the second line.\n'
>>> f.readline()                           #读取第 3 行
'the third line.'
>>> f.readline()                           #到达文件末尾,返回一个空字符串
''
>>> f.close()
>>> f = open('test.txt', 'r')
>>> f.seek(0, 2)                           #将文件指针定位到文件末尾
34
>>> f.readline()                           #到达文件末尾,读取一个空字符串
''
>>> f.seek(0)                              #将文件指针重定位到文件开头
0
>>> f.readline()                           #读取第 1 行
'the first line.\n'
>>> f.readline()                           #读取第 2 行
'the second line.\n'
>>> f.readline()                           #读取第 3 行
'the third line.'
>>> f.readline()                           #再次到达文件末尾,返回一个空字符串
''
```

readlines()方法返回一个列表,该列表的元素由文件的行组成：

```
>>> f = open("test.txt", encoding='utf-8')
>>> f.readlines()
['the first line.\n', 'the second line.\n', 'the third line.']
>>> f.close()
```

不建议使用 readlines()方法读取大文件,因为这样会消耗大量的内存资源。当文件指

针到达文件末尾EOF(End of File)时,读方法都会返回一个空字符串。读者要分清空行与空字符串:'\n'表示空行,而''表示空字符串。另外,还要区分空字符串''与空格字符串' '。只要f.readline()函数的返回值是空字符串,就代表文件的内容读取完毕。

表10-2列出了文本模式下Python文件对象的常用方法。

表10-2 文件对象的常用方法

方法	功能描述
close()	把缓冲区内容写入文件,然后关闭并释放文件对象。如果文件已关闭,则不产生效果
fileno()	返回一个文件描述符(整数)
flush()	把缓冲区内容写入文件,但不关闭文件对象
read(n)	最多读取并返回n个字符。如果n为负数或空,则读取文件的所有内容
readable()	测试当前文件是否可读
readline()	读取并返回文件的一行
readlines()	读取并返回文件的行列表
seek(offset, from)	将文件指针移到新位置,offset表示相对于from的偏移量。from的取值为0、1、2,分别代表文件头(默认)、当前位置和文件尾
seekable()	如果文件支持随机访问,则返回True
tell()	返回文件指针的当前位置
truncate(n=None)	只保留文件的前n个字节。如果未指定n,则只保留文件头到指针的当前位置
writable()	测试当前文件是否可写
write(s)	将字符串s写入文件并返回写入的字符数
writelines(lines)	将列表lines写入文件

那么文件对象又有哪些常用属性呢?文件对象的常用属性如表10-3所示。

表10-3 文件对象的常用属性

属性	功能描述
closed	判断文件是否关闭,若文件已关闭,则返回True
mode	返回文件的打开模式
name	返回文件的名称

```
>>> f = open("test.txt")
>>> f.close()
>>> f.closed                                  #判断文件是否已关闭
True
>>> f.mode                                    #查看文件的打开模式
'r'
```

```
>>> f.name                                          #查看打开的文件名
'test.txt'
```

美国标准信息交换码(American Standard Code for Information Interchange,ASCII),最初用7位表示10个阿拉伯数字,52个大小写英文字母等128个字符,后来又扩展到8位,而这也仅能够表示256个字符(其中包括32个不能打印出来的控制符)。为了对汉字进行编码,中国国家标准总局发布了GB2312编码规范,后来又演化为GBK编码规范。为满足跨语言、跨平台的文本转换和处理的要求,国际标准化组织(International Organization for Standardization,ISO)提出了Unicode编码标准。该标准几乎涵盖了世界上所有的文字和符号,Unicode为字符集中的每一个字符都指定了唯一的二进制编码,从而彻底解决了不同编码系统的冲突和乱码问题。UTF-8是Unicode的实现方式之一,其最大的特点是采用变长的编码方式。UTF-8使用1～4个字节表示一个字符,以便节省存储空间和网络传输带宽。查看一个系统当前默认的编码格式如下:

```
>>> import sys
>>> sys.getdefaultencoding()
'utf-8'
```

10.2 二进制文件

处理二进制文件常用的模块有pickle、shelve和marshal等。对于二进制文件,不能用记事本、写字板或其他文本编辑软件进行读写,也不能通过Python程序直接读取并理解二进制文件的内容,必须先了解一个二进制文件的结构和序列化规则,最终设计一个对应的反序列化规则,最终才能正确地读取并了解其中的内容。

Python标准库pickle提供的dump()方法将数据进行序列化并写入文件,而load()方法读取二进制文件的内容并进行反序列化,还原出原信息。另外,dump()方法的protocol参数为True时可实现压缩存储。用pickle模块将下列数据写到一个二进制文件中:

```
1
0.5
'不忘初心,牢记使命!'
[1, 2, 3]
```

程序代码如下:

```
import pickle

n = 4                                               #拟写入的数据项个数
i = 1
f = 0.5
```

```
s = '不忘初心,牢记使命!'
lt = [1, 2, 3]
with open('ex_pickle.dat', 'wb') as fp:
    try:
        pickle.dump(n, fp)
        pickle.dump(i, fp)
        pickle.dump(f, fp)
        pickle.dump(s, fp)
        pickle.dump(lt, fp)
    except:
        print('写文件时发生异常!')
```

用 pickle 模块读取二进制文件 ex_pickle.dat,并在终端上显示出来:

```
import pickle
with open('ex_pickle.dat', 'rb') as fp:
    n = pickle.load(fp)                          #拟读取的数据项个数
    for i in range(n):
        x = pickle.load(fp)
        print(x)
```

上述代码的输出结果:

```
1
0.5
不忘初心,牢记使命!
[1, 2, 3]
```

10.3 文件和文件夹操作

假定在当前目录下有一个文件夹 my_directory,其包含的文件和子文件夹如下:

```
my_directory/
|--sub_dir/
    |--file1.py
|--sub_dir_b/
    |--file2.py
    |--file3.py
|--file4.py
```

怎样获取文件夹 my_directory 下的所有文件和子文件夹列表呢?可以使用 Python 内置的 os 模块或 pathlib 模块。os 模块中的 scandir()函数如下:

```
import os
entries = os.scandir('my_directory')
```

```
for entry in entries:
    print(entry.name)
```

上述代码的输出结果：

```
file4.py
sub_dir
sub_dir_b
```

pathlib.Path 模块如下：

```
from pathlib import Path
entries = Path('my_directory')
for entry in entries.iterdir():
    print(entry.name)
```

上述代码的输出结果：

```
file4.py
sub_dir
sub_dir_b
```

仅罗列文件夹 my_directory 下的文件，os 模块中的实现方式如下：

```
import os
entries = os.scandir('my_directory')
for entry in entries:
    if entry.is_file():
        print(entry.name)                         #entry 还包含其他属性，如文件大小
```

上述代码的输出结果：

```
file4.py
```

pathlib 模块中的实现方式如下：

```
from pathlib import Path
entries = Path('my_directory')
for entry in entries.iterdir():
    if entry.is_file():
        print(entry.name)                         #entry 还包含其他属性，如文件大小
```

上述代码的输出结果：

```
file4.py
```

仅罗列文件夹 my_directory 下的子文件夹，os 模块中的实现方式如下：

```
import os
entries = os.scandir('my_directory')
for entry in entries:
```

```
    if entry.is_dir():
        print(entry.name)
```

上述代码的输出结果：

```
sub_dir
sub_dir_b
```

pathlib 模块中的实现方式如下：

```
from pathlib import Path
entries = Path('my_directory')
for entry in entries.iterdir():
    if entry.is_dir():
        print(entry.name)
```

上述代码的输出结果：

```
sub_dir
sub_dir_b
```

10.3.1 创建文件夹

os 模块和 pathlib 模块中包含创建文件夹的函数，如表 10-4 所示。

表 10-4 创建文件夹的函数

函　　数	功能描述
os.mkdir()	创建单个子目录
os.makedirs()	创建单个或多级目录，包括中间目录
pathlib.Path.mkdir()	与 os.makedirs()功能相同

os 模块：

```
import os
os.mkdir('demo_directory')
```

pathlib 模块：

```
from pathlib import Path
p = Path('demo_directory')
p.mkdir()
```

如果指定的目录已存在，上述两个模块中的 mkdir()函数都会引发 FileExistsError 异常：

```
import os
try:
```

```
    os.mkdir('demo_directory/')
except FileExistsError as ex:
    print(ex)
```

函数 os.makedirs()既可以创建单个子目录，又可以创建目录树：

```
import os
os.makedirs('2020/6/22')
```

执行上述代码将创建包含文件夹 2020、6 和 22 在内的嵌套目录结构，如图 10-1 所示。

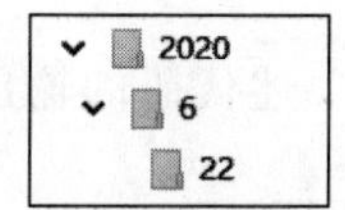

图 10-1　嵌套目录结构

使用 pathlib.Path 模块中的 mkdir()函数同样可以创建多级目录结构：

```
import pathlib
p = pathlib.Path('2020/6/22')
p.mkdir(parents=True)                          #注意设置参数 parents=True
```

同创建单个子目录一样，当指定的嵌套目录已存在时会引发 FileExistsError 异常。

10.3.2　搜索文件和文件夹

搜索与特定模式相匹配的文件，可以使用下列函数或方法：

（1）字符串方法 endswith()和 startswith()；

（2）fnmatch.fnmatch()；

（3）glob.glob()；

（4）pathlib.Path.glob()。

查找扩展名为 txt 的文本文件，使用字符串方法 endswith()：

```
import os
entries = os.scandir('my_directory')
for entry in entries:
    if entry.name.endswith('.txt'):
        print(entry.name)
```

函数 fnmatch.fnmatch()支持使用通配符 * 和?，功能更强大：

```
import os
import fnmatch
for entry in os.scandir('my_directory'):
    if fnmatch.fnmatch(entry.name, '*.txt'):
        print(entry.name)
```

glob.glob()的工作方式与 fnmatch.fnmatch()函数类似。使用 glob 搜索当前目录下所有扩展名为 py 的 Python 源文件：

```
>>> import glob
>>> glob.glob('*.py')                          #函数的返回值是一个列表
['name.py', 'name_function.py', 'test_name_function.py', 'test_sample.py']
```

在当前目录及其子目录中查找扩展名为 py 的 Python 源文件：

```
>>> import glob
>>> for file_name in glob.iglob('**/*.py', recursive=True):
    print(file_name)
```

上述代码的输出结果类似于：

```
name.py
name_function.py
test_name_function.py
test_sample.py
program\my_directory\file4.py
program\my_directory\sub_dir\file1.py
```

iglob()函数与 glob()函数的区别：前者的返回值是迭代器而不是列表。另外，注意将函数 iglob()的参数 recursive 设置为 True。

pathlib.Path 模块也提供了一个 glob()方法。查找当前目录下扩展名以字母 p 开头的文件：

```
>>> from pathlib import Path
>>> p = Path('.')                              #点"."代表当前目录
>>> for file_name in p.glob('*.p*'):
    print(file_name)
```

上述代码的输出结果类似于：

```
name.py
name_function.py
test_name_function.py
```

上面讲述的 4 种函数或方法，用于搜索与特定模式相匹配的文件，如表 10-5 所示。

表 10-5　搜索文件的函数或方法

函　　数	功能描述
startswith()	检查字符串是否以指定的模式开头，返回 True 或 False
endswith()	检查字符串是否以指定的模式结尾，返回 True 或 False
fnmatch.fnmatch(filename, pat)	检查文件名 filename 是否与模式 pat 相匹配，返回 True 或 False
glob.glob()	返回与模式匹配的文件名列表
pathlib.Path.glob()	在指定路径中查找模式，返回一个生成器对象

使用 Python 的内置函数 os.walk()遍历目录和处理文件，它的每一次迭代过程都会

依次返回三个值：

(1) 当前文件夹的名称；

(2) 当前文件夹的文件夹列表；

(3) 当前文件夹的文件列表。

```
import os

for dir_name, dir_list, file_list in os.walk('.'):
    print("当前文件夹:", dir_name)
    print("当前文件夹的子文件夹列表:")
    for directory in dir_list:
        print("\t", directory)
    print("当前文件夹的文件列表:")
    for file_name in file_list:
        print("\t", file_name)
```

读者可以将上述代码中 os.walk()函数中的参数修改一下，然后再运行。另外，os.walk()函数还有一个参数 topdown，有兴趣的读者可以研究一下。

10.3.3 临时文件和目录

Python 的内置模块 tempfile 用于创建临时文件和目录，程序执行完毕，tempfile 自动删除这些临时文件和目录。

```
from tempfile import TemporaryFile

fp = TemporaryFile('w+t')                    #创建一个既可读、又可写的文本文件
fp.write("Hello World!")
fp.seek(0)
data = fp.read()
print(data)                                  #输出
fp.close()                                   #文件一旦被关闭，就从文件系统中删除
```

上述代码的执行结果：

```
Hello World!
```

上述代码中创建的临时文件是没有文件名的，如果需要创建一个命名的临时文件，可以使用函数 tempfile.NamedTemporaryFile()。

模块 tempfile 还可以用来创建临时目录：

```
>>> import os
>>> import tempfile
>>> with tempfile.TemporaryDirectory() as tmpdir:
    print('创建一个临时目录:', tmpdir)
```

```
    os.path.exists(tmpdir)
```

上述代码的输出结果：

```
创建一个临时目录: C:\Users\whui\AppData\Local\Temp\tmpn0ncm64v
True
```

再次执行代码：

```
>>> os.path.exists(tmpdir)                    #临时文件夹 tmpdir 已不存在
False
```

10.3.4 删除文件和目录

使用模块 os、shutil 或 pathlib 删除文件和文件夹。删除文件可以使用函数 os.remove(file_name)或 os.unlink(file_name)，这两个函数只能删除文件而不能删除文件夹，否则会抛出异常。

```
import os
file_name = 'home\demo.txt'
if os.path.isfile(file_name):                 #删除前先进行判断
    os.remove(file_name)
else:
    print(file_name, '不是一个有效的文件名!')
```

上述代码的输出结果：

```
home\demo.txt 不是一个有效的文件名!
```

使用异常处理结构 try ... except：

```
import os
file_name = 'home\demo.txt'
try:
    os.unlink(file_name)
except FileNotFoundError as ex:
    print(file_name, "错误信息:", ex.strerror)
```

上述代码的输出结果：

```
home\demo.txt 错误信息：系统找不到指定的路径。
```

使用 pathlib.Path.unlink()删除文件：

```
from pathlib import Path

file_name = Path('home\demo.txt')
try:
```

```
    file_name.unlink()
except FileNotFoundError as ex:
    print(file_name, "错误信息:", ex.strerror)
```

上述代码的输出结果：

```
home\demo.txt 错误信息：系统找不到指定的路径。
```

想要删除文件夹，可以使用表 10-6 中列出的函数。

表 10-6　删除文件夹

函　　数	功能描述
os.rmdir()	删除单个文件夹，文件夹非空时抛出异常 OSError
pathlib.Path.rmdir()	与 os.rmdir()函数的功能相同
shutil.rmtree()	删除非空目录和整个目录树

下面使用函数 shutil.rmtree()删除文件夹：

```
import shutil
trash_dir = 'my_directory'
try:
    shutil.rmtree(trash_dir)
except OSError as ex:
    print(trash_dir, ex.strerror)
```

将上述删除文件和文件夹的函数进行总结，如表 10-7 所示。

表 10-7　删除文件和文件夹

函　　数	功能描述
os.remove()	只能删除文件，不能删除文件夹
os.unlink()	与 os.remove()函数功能类似
pathlib.Path.unlink()	与 os.remove()和 os.unlink()的功能类似
os.rmdir()	只能删除空的文件夹
pathlib.Path.rmdir()	与 os.rmdir()函数的功能相同
shutil.rmtree()	删除整个目录树，可以删除非空文件夹

使用 shutil 模块中的函数 copy()复制文件：

```
import shutil
src = 'path/to/file.txt'
dst = 'path/to/dest_dir'
shutil.copy(src, dst)
```

在上述代码中，如果 dst 是一个文件，则该文件的内容将被文件 src 的内容所代替；如果 dst 是一个目录，则文件 src 将被复制到该目录中。模块 shutil 中的函数 copy2()也能实现文件复制功能，读者可研究一下它与函数 shutil.copy()的区别。

使用模块 shutil 中的 copytree()函数复制文件夹。shutil.copytree(src, dst)能够将整个目录 src 及其包含的文件或子文件夹复制到目标文件夹 dst。

使用模块 shutil 中的 move()函数移动文件和文件夹。shutil.move(src, dst)能够将文件或文件夹 src 移动到目标文件夹 dst。

使用模块 os 中的 rename()函数重命名文件和目录。os.rename(src, dst)能够将 src 重命名为 dst。使用 pathlib.Path 模块中的 rename()方法实现重命名：

```
>>> from pathlib import Path
>>> src = Path('demo_01.txt')
>>> src.rename('demo.txt')
```

使用 os 模块中的函数 chdir()切换目录：

```
>>> import os
>>> os.chdir(r'C:\Users\whui\Desktop\教学相关\Python')
```

使用 os 模块中的函数 getcwd()获取当前目录：

```
>>> os.getcwd()
'C:\\Users\\whui\\Desktop\\教学相关\\Python'
```

使用 os 模块中的函数 listdir()列出当前目录下的所有文件和文件夹：

```
>>> os.listdir()
```

将上述函数和方法进行总结，如表 10-8 所示。

表 10-8　操作文件和文件夹的函数和方法

函数或方法	功能描述
shutil.copy(src, dst)	dst 为文件时，用 src 代替 dst；dst 为文件夹时，src 复制到 dst
shutil.copy2(src, dst)	同 shutil.copy(src, dst)的功能类似
shutil.copytree(src, dst)	将整个目录 src 复制到 dst
shutil.move(src, dst)	将 src 移动到 dst
os.rename(src, dst)	将 src 重命名为 dst
pathlib.Path.rename()	实现文件重命名
os.chdir()	切换目录
os.getcwd()	获取当前目录
os.listdir()	列出当前目录下的所有文件和文件夹

限于篇幅，本书不对下列内容进行介绍，读者可自行查资料学习。

(1) 使用 zipfile 模块操作归档文件 ZIP；

(2) 使用 fileinput 模块读取多个文件。

10.4 小　　结

文件是计算机系统中存储信息的容器;而文件夹是计算机系统中存储文件的位置。在 Python 语言中操作文件需要执行如下 3 个步骤:

(1) 打开文件并返回一个文件对象或句柄;

(2) 使用该句柄执行读写操作;

(3) 关闭该句柄。

打开文件时需要使用正确的打开模式,如只读模式 r。读取文件的常用方法有 read()、readline()和 readlines();写文件的常用方法有 write()和 writelines()。文件对象的常用属性有三个,分别是 closed、mode 和 name。处理二进制文件的常用模块有 pickle、shelve 和 marshal 等。本章简单地讲述了模块 pickle 的使用,其写文件用 dump()方法,读取文件用 load()方法。

文件夹操作主要讲述了三个模块,它们分别是 os、pathlib 和 shutil。另外,还有文件搜索模块 fnmatch 和 glob,以及创建临时文件和文件夹的模块 tempfile。实际上,大多数程序员只喜欢使用其中的某个或某些模块。读者现在只需记住模块名,等到真正需要用时再查阅相关文档即可。

练习题 10

1. 填空题

(1) 对文件执行写操作时,________方法在不关闭文件对象的情况下将缓冲区内容写入文件。

(2) Python 的内置函数________用来打开或创建文件并返回一个文件对象。

(3) 上下文管理关键字________可以自动管理文件对象,无论何种原因结束该关键字中的语句块,都能保证文件被正确地关闭。

2. 列举两种常用的文件类型。

3. Python 进行文件操作的三个步骤是什么?

4. Python 语言有几种写模式?它们之间有何区别?

5. 用 Python 程序打开文本文件 test.txt,最安全的方式是什么?

6. 写出文件在默认情况下的打开方式。

7. 哪个函数可以查看文件指针的当前位置?

8. 将文件指针移动到距离文件头 10 个字符的位置。

9. 打开文本文件 test.txt,并读取 5 个字符。

10. 打开文本文件 test.txt,逐行读取并输出其中的信息(用两种方式实现)。

11. 文件对象的常用属性有哪些？

12. 用 open()函数打开文本文件 test.txt 时，怎样指定编码类型？为什么要这样做？

13. 写出读取文件的三种方法。

14. 使用模块 pathlib 实现下列操作：

(1) 列出当前目录下的所有文件；

(2) 列出当前目录下的所有文件夹；

(3) 在当前目录下创建一个多级目录 2020/8/28；

(4) 查找当前目录下所有扩展名为 py 的文件。

15. 使用 os 模块遍历第 14(3)题中创建的文件夹“2020”及其子文件夹。

16. 使用 shutil 模块删除第 14(3)题中创建的文件夹“2020”及其子文件夹。

17. 创建一个临时文件，将字符串“中国梦”写入该文件，接着读取该文件并输出文件内容。

18. 打开一个文本文件 sample.txt，将下列字符串写入该文件：

```
Hello World\n 文本文件的第二行.\n 文本文件的第三行.
```

19. 打开文本文件 sample.txt，逐行读取该文件的内容，计算最长行的长度并输出其内容。

第11章

数据库应用

什么是数据库(database)? 数据库是按一定格式存储的、有组织的、可共享的、长期存储在计算机中的大量数据的集合。在 Python 应用程序中使用最方便的数据库是 SQLite 数据库,因为 Python 解释器自带了一个 sqlite3 模块,而该模块可以直接与 SQLite 数据库进行交互。SQLite 数据库是无服务器和自包含的,也就是说不需要安装和运行 SQLite 服务器,就可以执行数据库操作。在继续讲述之前,先学习一些 SQL 语法。

11.1 SQL 基本语法

SQL(Structured Query Language)是结构化查询语言,通过它与数据库进行交互。有些数据库包括 SQLite,要求每条 SQL 命令的末尾使用分号。另外,SQL 语言对大小写不敏感。

(1) SELECT 语句用于从表中选取数据,结果被存储在一个结果表中(称为结果集)。

SELECT 语法: `SELECT 列名称 FROM 表名称`。

选取表 table_name 的所有行: `SELECT * FROM table_name`。

因为 SQL 语言对大小写不敏感,所以 SELECT 等效于 select。

(2) WHERE 子句用于设置选择条件。

(3) INSERT INTO 语句用于向数据表中插入新行。

```
INSERT INTO 表名称 VALUES (值 1, 值 2, ...)
```

(4) UPDATE 语句用于修改表中的数据。

```
UPDATE 表名称 SET 列名称 = 新值 WHERE 限制条件
```

(5) DELETE 语句用于删除表中的行。

```
DELETE FROM 表名称 WHERE 列名称 = 值
```

删除表 table_name 中的所有行: `DELETE * FROM table_name`

(6) JOIN(连接)根据两个或多个表中列之间的关系,从这些表中查询数据。INNER JOIN(内连接)与 JOIN 功能相同。

(7) GROUP BY 语句通常与统计函数相结合,根据一个或多个列对结果集进行分组。

(8) count()函数返回匹配指定条件的行数。

(9) commit()函数提交当前事务,使操作在数据库中生效。

11.2　数据库应用编程接口

数据库应用编程接口(Application Programming Interface,API)是 Python 访问数据库的统一接口规范,是 Python 应用程序访问具体数据库的桥梁,如图 11-1 所示。在 Python 语言中,使用数据库 API 访问数据库的一般流程包括如下 5 个步骤:

(1) 创建 SQLite 数据库连接(connection);

(2) 获取游标(cursor);

(3) 执行相关操作;

(4) 关闭游标;

(5) 关闭数据库连接。

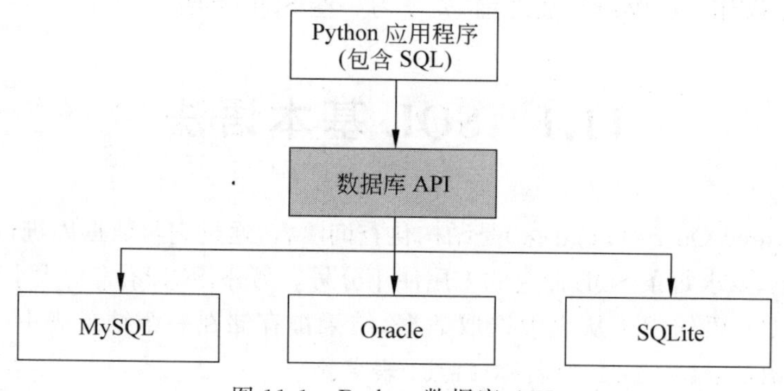

图 11-1　Python 数据库 API

11.3　增删查改操作

本节内容涉及四张表,分别是 users(用户)表,如表 11-1 所示;posts(帖子)表,如表 11-2 所示;comments(评论)表,如表 11-3 所示;likes(喜好)表,如表 11-4 所示。

表 11-1　users 表

属性名	数据类型	能否为空	说明
id	int (11)	否	用户编号
name	text	否	姓名
gender	text	否	性别
age	int (11)	否	年龄

表 11-2　posts 表

属 性 名	数 据 类 型	能 否 为 空	说　明
id	int (11)	否	帖子编号
title	text	否	标题
description	text	否	描述
user_id	int (11)	否	用户编号(外键)

表 11-3　comments 表

属 性 名	数 据 类 型	能 否 为 空	说　明
id	int (11)	否	评论编号
text	text	否	评论内容
user_id	int (11)	否	用户编号(外键)
post_id	int (11)	否	帖子编号(外键)

表 11-4　likes 表

属 性 名	数 据 类 型	能 否 为 空	说　明
id	int (11)	否	爱好编号
user_id	int (11)	否	用户编号(外键)
post_id	int (11)	否	帖子编号(外键)

11.3.1　建立数据库连接

跟 SQLite 数据库交互之前，必须先与它建立连接。下面定义一个 create_connection() 函数，用于连接 SQLite 数据库：

```
import sqlite3                                  #导入 sqlite3 模块
from sqlite3 import Error                       #导入 Error 类
def create_connection(path):
    connection = None
    try:
        #调用 connect()函数①
        connection = sqlite3.connect(path)
        print("成功连接 SQLite 数据库!")
    except Error as e:
        print("发生%s 错误!" %e)
    return connection
```

① 也可以使用命令 con = sqlite3.connect(":memory:")创建一个基于内存的数据库连接。

在上述代码中，如果数据库文件在指定的位置 path 已存在，则与该数据库直接建立连接；否则，首先创建一个新数据库，然后再与它建立连接。假如打算在 E 盘的根目录下创建一个 ch11.sqlite 数据库，则执行如下命令：

```
connection = create_connection(r"E:\ch11.sqlite")
```

sqlite3.connect()函数的返回值 connection 是一个数据库连接对象，该对象支持的方法如表 11-5 所示。

表 11-5　connection 对象支持的方法

方　法	说　明
cursor()	创建并返回一个游标
commit()	提交当前事务
rollback()	回滚当前事务
close()	关闭连接

在 SQLite 数据库中创建表时，需要执行查询操作，而该操作使用 cursor 游标对象的 execute()方法，即 cursor.execute()。为方便执行查询操作，定义一个函数 execute_query()：

```
def execute_query(connection, query):
    cursor = connection.cursor()          #得到一个游标对象 cursor
    try:
        cursor.execute(query)             #执行查询操作
        connection.commit()               #提交当前事务
        print("查询执行成功!")
    except Error as e:
        print("发生%s 错误!" %e)
```

使用数据库连接对象 connection 的 cursor()方法得到一个游标对象 cursor，该对象支持的属性和方法，如表 11-6 所示。

表 11-6　游标对象支持的属性和方法

名　称	说　明
execute(sql[, parameters])	执行一条 SQL 语句 sql，后面是可选参数
fetchone()	获取查询结果集的下一行
fetchmany(size)	获取查询结果集的下一组记录，共计 size 行
fetchall()	获取查询结果集的所有行
close()	关闭游标对象
lastrowid	只读属性，提供上一次修改行的行号
description	只读属性，提供最后一个查询的列名

11.3.2 创建表

下面创建 users 表，该表包含的属性参见表 11-1。

```
create_users_table[①]= """
    CREATE TABLE IF NOT EXISTS users(
    id INTEGER PRIMARY KEY AUTOINCREMENT,
    name TEXT NOT NULL,
    gender TEXT NOT NULL,
    age INTEGER NOT NULL
    );
    """
```

在上述代码中 PRIMARY KEY 为主键、AUTOINCREMENT 为自动增加、TEXT 为文本、INTEGER 为整数。另外还要注意，字符串末尾必须有一个分号。执行下列代码就可以创建 users 表：

```
execute_query(connection, create_users_table)
```

接着创建 posts 表，该表包含的属性参见表 11-2：

```
create_posts_table = """
    CREATE TABLE IF NOT EXISTS posts(
    id INTEGER PRIMARY KEY AUTOINCREMENT,
    title TEXT NOT NULL,
    description TEXT NOT NULL,
    user_id INTEGER NOT NULL,
    FOREIGN KEY (user_id) REFERENCES users (id)
    );
    """
```

在上述代码中 FOREIGN KEY 为外键，REFERENCES 为参照。执行下列代码就可以创建 posts 表：

```
execute_query(connection, create_posts_table)
```

继续创建 comments 表，该表包含的属性参见表 11-3：

```
create_comments_table = """
    CREATE TABLE IF NOT EXISTS comments(
    id INTEGER PRIMARY KEY AUTOINCREMENT,
    text TEXT NOT NULL,
    user_id INTEGER NOT NULL,
    post_id INTEGER NOT NULL,
```

① create_users_table 是一个字符串变量，字符串的内容是 SQL 命令。

```
    FOREIGN KEY (user_id) REFERENCES users (id) FOREIGN KEY (post_id) REFERENCES
posts (id)
    );
    """
```

执行下列代码就可以创建 comments 表：

```
execute_query(connection, create_comments_table)
```

最后创建 likes 表，该表包含的属性参见表 11-4：

```
create_likes_table = """
    CREATE TABLE IF NOT EXISTS likes(
    id INTEGER PRIMARY KEY AUTOINCREMENT,
    user_id INTEGER NOT NULL,
    post_id INTEGER NOT NULL,
    FOREIGN KEY (user_id) REFERENCES users (id) FOREIGN KEY (post_id) REFERENCES
posts (id)
    );
    """
```

执行下列代码就可以创建 likes 表：

```
execute_query(connection, create_likes_table)
```

使用 DB Browser (SQLite)开源可视化工具查看创建的 SQLite 数据库，如图 11-2 所示，其下载网址为 https://sqlitebrowser.org/。

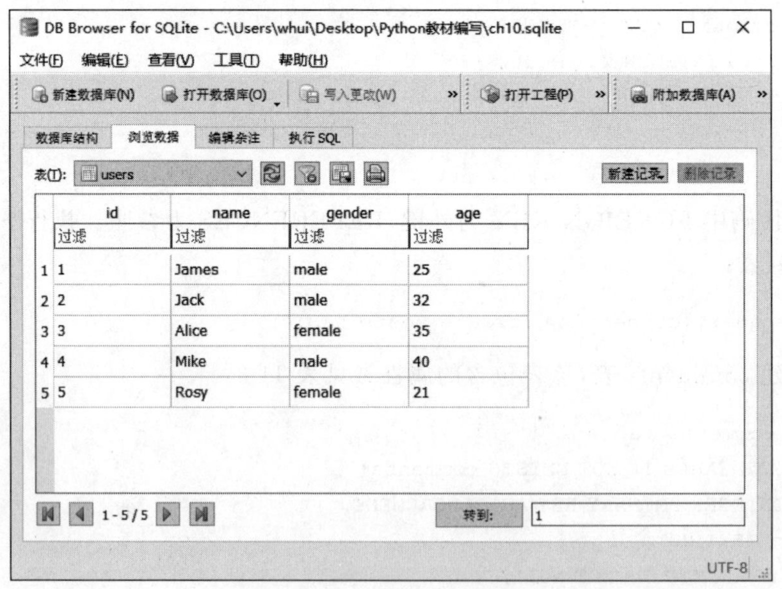

图 11-2 SQLite 数据库

11.3.3 插入记录

所有的表格创建完毕，接下来就可以往表格中插入记录(insert records)。首先在users 表中插入 5 条记录：

```
insert_users = """
    INSERT INTO users(name, gender, age)
    VALUES
    ('James', 'male', 25),
    ('Jack', 'male', 32),
    ('Alice', 'female', 35),
    ('Mike', 'male', 40),
    ('Rosy', 'female', 21);
"""
execute_query(connection, insert_users)
```

插入数据后的 users 表，如表 11-7 所示。

表 11-7　插入数据后的 users 表

id	name	gender	age
1	James	male	25
2	Jack	male	32
3	Alice	female	35
4	Mike	male	40
5	Rosy	female	21

接着在 posts 表中插入 6 条记录：

```
insert_posts = """
    INSERT INTO
    posts (title, description, user_id)
    VALUES
    ("幸福", "我今天感觉很幸福!", 1),
    ("天太热", "今天天气很热!", 2),
    ("救命", "我的工作需要帮助。", 2),
    ("好消息", "我女儿钢琴 6 级考试通过了!", 1),
    ("有趣的比赛", "那是一场精彩的网球比赛。", 5),
    ("恐怖", "全球新冠肺炎超 195 万例!", 3);
"""
execute_query(connection, insert_posts)
```

插入数据后的 posts 表，如表 11-8 所示。

表 11-8　插入数据后的 posts 表

id	title	description	user_id
1	幸福	我今天感觉很幸福！	1
2	天太热	今天天气很热！	2
3	救命	我的工作需要帮助。	2
4	好消息	我女儿钢琴 6 级考试通过了！	1
5	有趣的比赛	那是一场精彩的网球比赛。	5
6	恐怖	全球新冠肺炎超 195 万例！	3

在 comments 表中插入 5 条记录：

```
insert_comments = """
    INSERT INTO
    comments (text, user_id, post_id)
    VALUES
    ('我也是!', 5, 1),
    ('什么样的帮助?', 4, 3),
    ('恭喜!', 2, 4),
    ('大家都要小心!', 4, 6),
    ('遗憾!我当时在工作!', 2, 5);
"""
execute_query(connection, insert_comments)
```

插入数据后的 comments 表，如表 11-9 所示。

表 11-9　插入数据后的 comments 表

id	text	user_id	post_id
1	我也是！	5	1
2	什么样的帮助？	4	3
3	恭喜！	2	4
4	大家都要小心！	4	6
5	遗憾！我当时在工作！	2	5

最后在 likes 表中插入 5 条记录：

```
insert_likes = """
    INSERT INTO
    likes (user_id, post_id)
    VALUES
    (1, 6),
    (2, 3),
```

```
    (1, 5),
    (5, 4)
    (5, 3);
"""
execute_query(connection, insert_likes)
```

插入数据后的 likes 表,如表 11-10 所示。

表 11-10　插入数据后的 likes 表

id	user_id	post_id
1	1	6
2	2	3
3	1	5
4	5	4
5	5	3

11.3.4　读取记录

读取 SQLite 数据库中的记录,需依次调用游标 cursor 的 execute()方法和 fetchall()方法,其中后者的返回值是一个元组列表,该列表中每一个元组对应于检索记录中的一行。下面定义一个函数 execute_read_query(),以读取 SQLite 数据库中的记录:

```
def execute_read_query(connection, query):
    cursor = connection.cursor()            #得到一个游标 cursor
    result = None
    try:
        cursor.execute(query)               #执行查询操作
        result = cursor.fetchall()          #读取结果集
        return result                       #返回一个元组列表
    except Error as e:
        print("The error %s occurred" %e)
```

读取 users 表中的所有记录:

```
select_users = "SELECT * from users"
users = execute_read_query(connection, select_users)
for user in users:
    print(user)
```

上述代码的输出结果:

```
(1, 'James', 'male', 25)
(2, 'Jack', 'male', 32)
```

```
(3, 'Alice', 'female', 35)
(4, 'Mike', 'male', 40)
(5, 'Rosy', 'female', 21)
```

读取 posts 表中的所有记录：

```
select_posts = "SELECT * FROM posts"
posts = execute_read_query(connection, select_posts)
for post in posts:
    print(post)
```

上述代码的输出结果：

```
(1, '幸福', '我今天感觉很幸福!', 1)
(2, '天太热', '今天天气很热!', 2)
(3, '救命', '我的工作需要帮助。', 2)
(4, '好消息', '我女儿钢琴 6 级考试通过了!', 1)
(5, '有趣的比赛', '那是一场精彩的网球比赛。', 5)
(6, '恐怖', '全球新冠肺炎超 195 万例!', 3)
```

11.3.5 连接操作

有时需要从两个及以上相关表中筛选数据，此时就需要执行连接操作(Join)。下列程序返回 users 表中的用户编号、用户姓名及其所发表帖子的描述 description(该属性包含在 posts 表中)：

```
select_users_posts = """
    SELECT
    users.id,
    users.name,
    posts.description
    FROM
    posts
    INNER JOIN users ON users.id = posts.user_id      #两个表通过连接操作建立关联
"""
users_posts = execute_read_query(connection, select_users_posts)
for item in users_posts:
    print(item)
```

上述代码的输出结果：

```
(1, 'James', '我今天感觉很幸福!')
(2, 'Jack', '今天天气很热!')
(2, 'Jack', '我的工作需要帮助。')
(1, 'James', '我女儿钢琴 6 级考试通过了!')
(5, 'Rosy', '那是一场精彩的网球比赛。')
```

```
(3, 'Alice', '全球新冠肺炎超 195 万例!')
```

为上述代码的输出结果添加列标题的代码如下：

```
select_users_posts = """
    SELECT
    users.id,
    users.name,
    posts.description
    FROM
    posts
    INNER JOIN users ON users.id = posts.user_id
"""
cursor = connection.cursor()
cursor.execute(select_users_posts)                #不再调用 execute_read_query()方法
users_posts = cursor.fetchall()
column_names = [name[0] for name in cursor.description]
print(column_names)
for item in users_posts:
    print(item)
```

上述代码的输出结果：

```
['id', 'name', 'description']                    #添加了列标题
(1, 'James', '我今天感觉很幸福!')
(2, 'Jack', '今天天气很热!')
(2, 'Jack', '我的工作需要帮助。')
(1, 'James', '我女儿钢琴 6 级考试通过了!')
(5, 'Rosy', '那是一场精彩的网球比赛。')
(3, 'Alice', '全球新冠肺炎超 195 万例!')
```

下面通过两个连接运算，以筛选三个相关表中的数据。下列程序返回所有的帖子、对帖子的评论以及发表评论的用户姓名：

```
select_posts_comments_users = """
    SELECT
    posts.description,
    comments.text,
    users.name
    FROM
    posts
    INNER JOIN comments ON posts.id = comments.post_id
    INNER JOIN users on users.id = comments.user_id
"""
posts_comments_users = execute_read_query(connection, select_posts_comments_
users)
for item in posts_comments_users:
```

```
    print(item)
```

上述代码的输出结果：

```
('我今天感觉很幸福!', '我也是!', 'Rosy')
('我的工作需要帮助。', '什么样的帮助?', 'Mike')
('我女儿钢琴 6 级考试通过了!', '恭喜!', 'Jack')
('全球新冠肺炎超 195 万例!', '大家都要小心!', 'Mike')
('那是一场精彩的网球比赛。', '遗憾!我当时在工作!', 'Jack')
```

读者可以试着给输出结果添加列标题。

11.3.6 WHERE 子句

WHERE 子句用于设置选择条件。下列代码返回所有的帖子以及帖子收到的喜好总数：

```
select_posts_likes = """
SELECT
    posts.description,
    COUNT(likes.id)
FROM
    likes,
    posts
WHERE
    posts.id = likes.post_id
GROUP BY
    likes.post_id
"""
posts_likes = execute_read_query(connection, select_posts_likes)
for item in posts_likes:
    print(item)
```

上述代码的输出结果：

```
('我的工作需要帮助。', 2)
('我女儿钢琴 6 级考试通过了!', 1)
('那是一场精彩的网球比赛。', 1)
('全球新冠肺炎超 195 万例!', 1)
```

说明：第一个输出结果"('我的工作需要帮助。', 2)"表示有 2 名用户对帖子"我的工作需要帮助。"感兴趣，一个是发表该帖子的人，另一个是评论该帖子的人。

11.3.7 更新和删除记录

更新(update)编号为 2 的帖子，将其属性 description 的值修改为"现在天气变得凉爽了！"。先查看更新前的值：

```
select_post_description = "SELECT description FROM posts WHERE id=2"
post_description = execute_read_query(connection, select_post_description)
for description in post_description:
    print(description)
```

上述代码的输出结果：

```
('今天天气很热!',)
update_post_description = """
    UPDATE
        posts
    SET
        description = "现在天气变得凉爽了!"
    WHERE
        id = 2
"""
execute_query(connection, update_post_description)
```

执行上述代码,再次查看 2 号帖子属性 description 的值：

```
post_description = execute_read_query(connection, select_post_description)
for description in post_description:
    print(description)
```

上述代码的输出结果：

```
('现在天气变得凉爽了!',)
```

显然 2 号帖子更新成功了。

想要删除编号为 5 的评论,需要使用 WHERE 子句指定限制条件：

```
delete_comment = "DELETE FROM comments WHERE id = 5"
execute_query(connection, delete_comment)
```

使用 DB Browser (SQLite)可视化查看工具,验证删除是否成功。

想要使用 MySQL、PostgreSQL 和 Oracle 数据库,需要分别安装 mysql-connector-python、psycopg2、cx_Oracle 模块,对应的命令如下：

```
pip install mysql-connector-python
pip install psycopg2
pip install cx_Oracle
```

11.4 小　　结

SQLite 是内嵌在 Python 解释器中的数据库管理系统,它不需要额外的安装和配置服务。一个 SQLite 数据库就是一个文件,可以使用 DB Browser(SQLite)等工具对

SQLite 数据库进行可视化管理。在 Python 中使用 SQLite 数据库，需要导入 sqlite3 模块。数据库访问的一般流程包括 5 个步骤，分别是创建连接、获取游标、执行相关操作、关闭游标和关闭连接。使用 sqlite3 模块中的 connect()函数和 cursor()方法可分别打开数据库文件和获取游标对象，而使用游标对象的 execute()方法执行各种 SQL 语句。

练习题 11

1. 什么是数据库？

2. Python 语言访问 SQLite 数据库需要使用什么模块？怎样导入该模块？

3. SQL 代表什么意思？

4. 叙述数据库访问的一般流程。

5. 在 SQLite 数据库中，增、删、改、查操作对应的 SQL 命令分别是什么？

6. 数据库连接对象和游标对象各支持哪些属性和方法（每个对象各写出三个）？

7. (1) 在 D 盘根目录下创建一个 SQLite 数据库文件 student，在该数据库中创建表 info，该表包含的字段 ID(INTEGER 型，主键)、Name(TEXT 型)、Score(INTEGER 型)、Rank(INTEGER 型)；

(2) 通过 Python 编程实现向表中插入如下 5 条记录；

ID	Name	Score	Rank
202001	王力	90	2
202002	王浩	59	4
202003	李丽	95	1
202004	王慧	0	5
202005	李华	75	3

(3) 通过 Python 编程查询分数小于 60 分的人，输出其姓名。

(4) 查询所有人的信息并按成绩由高到低排列。

第12章

图形用户界面设计

图形用户界面(Graphical User Interface,GUI)采用图形化的方式显示操作界面。在Python语言中有3个常用的GUI编程工具,它们分别是tkinter、wxPython和PyQt,本书只讲述tkinter库的使用。使用tkinter库创建GUI应用程序,只需执行如下4个步骤:

(1) 导入tkinter模块;

(2) 创建GUI应用程序主窗口;

(3) 在GUI应用程序中添加一个或多个组件,如按钮Button;

(4) 进入主事件循环,以便对触发的每个事件采取某种操作。

tkinter是Python 3.x的内置模块,只要安装了Python 3.x解释器就可以使用。在使用tkinter库之前,需要使用命令import tkinter或者from tkinter import *将其导入。

【示例12.1】 最简单的图形用户界面。

```
import tkinter                              #加载 tkinter 模块,步骤 1
root = tkinter.Tk()                         #创建主窗体 root,步骤 2
在此处添加组件                                 #步骤 3
root.mainloop()                             #进入主事件循环,步骤 4
```

上述代码的执行结果如图12-1所示。

图12-1 最简单的GUI

在tkinter库中,每个组件都是一个类,创建组件其实就是将对应的类进行实例化。在实例化时,需要给组件指定一个父容器。

【示例 12.2】 创建一个“Hello，World!”欢迎界面。

```
from tkinter import Tk, Label                #加载 tkinter 模块中的 Tk 和 Label 类
root = Tk()                                  #创建主窗体 root
root.title("欢迎界面")                        #设置窗口的标题
lb = Label(root, text="Hello, World!")       #调用 Label()方法创建标签 lb,root 是
lb 的父容器
lb.pack()                                    #调用布局管理器 pack()方法
root.mainloop()                              #进入主循环,显示主窗体 root
```

将代码保存到 hello.py 文件,然后在命令提示符下执行:

```
python hello.py
```

上述代码的执行结果如图 12-2 所示。

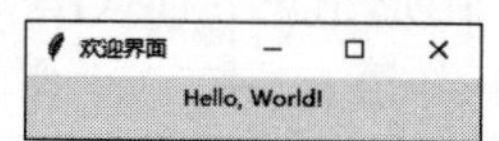

图 12-2　hello.py 的执行结果

tkinter 提供了各种组件,如按钮、标签和文本框等,表 12-1 列出了 tkinter 库中常用的 17 种组件。

表 12-1　tkinter 组件

组　件	功能描述
Button	按钮组件,在界面中显示按钮
Canvas	画布组件,用于绘制其他图形元素,如直线、椭圆
Checkbutton	复选按钮,用于将多个选项显示为复选框,用户一次可以选择多个选项
Entry	单行文本框,用于接收输入值
Frame	框架组件,通常作为其他组件的容器
Label	标签组件,为其他组件提供单行标题,也可以显示位图
Listbox	列表框,用于提供选项列表
Menu	菜单组件,用于提供各种命令
Message	消息组件,与 Entry 组件类似,可以显示多行文本
Radiobutton	单选按钮,用于显示多个选项,用户一次只能从中选择一个选项
Scale	范围组件,显示一个数值刻度,输出指定范围的数值区间
Scrollbar	滚动条,用于向各种组件(如列表框)添加滚动功能
Text	文本组件,用于显示多行文本
Toplevel	顶层容器组件,用于提供单独的窗口
Spinbox	Entry 组件的变体,用于从固定数量的值中进行选择
PanedWindow	容器组件,可以包含水平或垂直排列的任意数量的窗格
LabelFrame	简单的容器组件,充当复杂窗口布局的隔板或容器

12.1 组件的标准属性

标准属性是所有 tkinter 组件都具有的属性，如表 12-2 所示。

表 12-2 组件的标准属性

属性类别	属性名称
尺寸属性	属性集合，如边框宽度(borderwidth)
颜色属性	属性集合，如背景色(background)
字体属性	font
锚点属性	anchor
样式属性	relief
位图属性	bitmap
光标属性	cursor

组件的各种长度、宽度和其他维度可以用许多不同的单位描述：

(1) 如果将维度设置为整数，则假定它以像素为单位；

(2) 可以将维度设置为数字后跟一个字符的形式，如 5c，该字符代表度量单位。tkinter 的尺寸单位，如表 12-3 所示。

表 12-3 尺寸单位

单位	描述
c	厘米(centimeter)
i	英寸(inch)
m	毫米(millimeter)
p	打印机的点(point)，约 1/72 英寸

12.1.1 尺寸属性和颜色属性

1. tkinter 的尺寸属性

tkinter 的尺寸属性如下。

(1) borderwidth (bd)：组件的边框宽度。

(2) height、width：组件的高度和宽度。

(3) padx、pady：组件水平方向和垂直方向的外边距。

(4) selectborderwidth：组件选中项的边框宽度。

(5) wraplength：文本行长度的最大值。

(6) highlightthickness：组件获得焦点时高亮矩形的宽度，以像素为单位。

(7) underline：组件上文本的下画线，默认不带下画线。其值为 0 时，第一个字符带下画线，为 1 时，前两个字符带下画线，以此类推。

【示例 12.3】 使用不同的尺寸单位设置组件的高度和宽度。

```
from tkinter import Tk, Button, Frame
root = Tk()                                            #创建主窗体 root
frame = Frame(root, width="5c", height="5m") #框架 frame 的父容器为 root
frame.pack()                                           #使用布局管理器
button = Button(frame, text="Hello, World!") #按钮 button 的父容器为 frame
button.pack()
root.mainloop()
```

上述代码的运行结果如图 12-3 所示。注意示例 12.3 与示例 12.2 的区别。

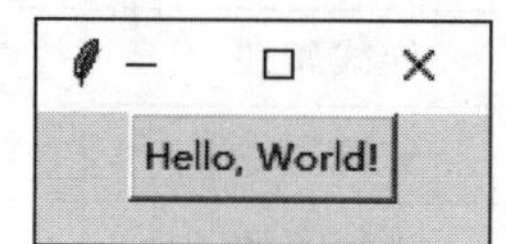

图 12-3 设置框架 frame 的宽度和高度

2. tkinter 的颜色属性

tkinter 的颜色属性如下。

(1) activebackground、activeforeground：组件激活时的背景色和前景色。

(2) background (bg)、foreground (fg)：组件的背景色和前景色。

(3) highlightbackground、highlightcolor：组件获得焦点时，高亮区域的背景色和前景色。

(4) selectbackground、selectforeground：组件选定项目的背景色和前景色。

(5) disabledforeground：组件被禁用时的前景色。

tkinter 用字符串表示颜色。在 tkinter 中有如下两种指定颜色的通用方法。

(1) 使用字符串指定十六进制数字中红色(red)、绿色(green)和蓝色(blue)的比例。例如，"#fff"表示白色，"#000000"表示黑色，"#000fff000"表示纯绿色，"#00ffff"表示青色(cyan)。红色、绿色和蓝色三个分量用一位、二位、三位十六进制数表示均可。

(2) 使用本地定义的标准颜色名称，如"white"、"black"、"red"、"green"、"blue"、"cyan"、"yellow"、"magenta"①。

【示例 12.4】 使用不同颜色格式分别设置背景色和前景色。

```
from tkinter import Tk, Button
root = Tk()
button = Button(root, text="Hello, World!", bg="red", fg="#ffffff")
button.pack()
root.mainloop()
```

① magenta 为洋红色。

上述代码的执行结果如图 12-4 所示。该图中按钮的背景色为红色,前景色为白色。

图 12-4　按钮的背景色和前景色

12.1.2　字体属性

tkinter 的字体属性对应的属性名为 font,其包括的子属性如下。

(1) family:字体族,如宋体、仿宋、楷体、黑体、幼圆、隶书等。

(2) size:字体尺寸,单位为磅。

(3) weight:BOLD 表示粗体,NORMAL 表示正常(默认值)。

(4) slant:斜体,ITALIC 表示倾斜,ROMAN 表示正常(默认值)。

(5) underline:下画线,1 表示添加下画线,0 表示没有(默认值)。

(6) overstrike:删除线,1 表示添加删除线,0 表示没有(默认值)。

【示例 12.5】　设置组件文本字体。

```
#加载字体模块
import tkinter.font as tkFont
from tkinter import *
root = Tk()
#创建字体实例 ft
ft = tkFont.Font(family="隶书", size=14, weight=tkFont.BOLD, slant=tkFont.
ITALIC)
label = Label(root, text="字体设置", font=ft)#使用字体属性 font
label.pack(anchor=CENTER, expand=1)
root.mainloop()
```

上述代码的执行结果如图 12-5 所示。

图 12-5　设置标签组件的字体

除了使用字体属性,也可以使用字体三元组。上述示例中的代码如下:

```
ft = tkFont.Font(family="隶书", size=14, weight=tkFont.BOLD, slant=tkFont.
ITALIC)
label = Label(root, text="字体设置", font=ft)
```

可以用如下一行代码代替上述代码:

```
label = Label(root, text="字体设置", font=("隶书", 14, "bold italic"))
```

其中,("隶书",14,"bold italic")就是一个字体三元组。

12.1.3 锚点属性和样式属性

1. 锚点属性

锚点属性对应的属性名为 anchor,用于定义文字放置位置的参照点,其值为 N(north,上)、S(south,下)、W(west,左)、E(east,右)、NW(左上)、NE(右上)、SW(左下)、SE(右下)、CENTER(居中,默认值),如图 12-6 所示。例如,如果使用 CENTER 作为文本的参照点,则文本将围绕该参照点水平居中和垂直居中。

NW	N	NE
W	CENETR	E
SW	S	SE

图 12-6 文本的参照点

2. 样式属性

样式属性对应的属性名为 relief,用来定义组件的边框样式。如果需要显示 2D 样式的边框,则此属性的取值为 FLAT;如果需要显示 3D 样式的边框,则此属性的取值为 SUNKEN、RAISED、RIDGE、GROOVE。

【示例 12.6】 设置组件的边框样式。

```
from tkinter import *
import tkinter
root = tkinter.Tk()
btn1 = tkinter.Button(root, text='FLAT', width=20, relief=FLAT)
btn2 = tkinter.Button(root, text='SUNKEN', width=20, relief=SUNKEN)
btn3 = tkinter.Button(root, text='RAISED', width=20, relief=RAISED)
btn4 = tkinter.Button(root, text='RIDGE', width=20, relief=RIDGE)
btn5 = tkinter.Button(root, text='GROOVE', width=20, relief=GROOVE)
btn1.pack()
btn2.pack()
btn3.pack()
btn4.pack()
btn5.pack()
root.mainloop()
```

上述代码的执行结果如图 12-7 所示。

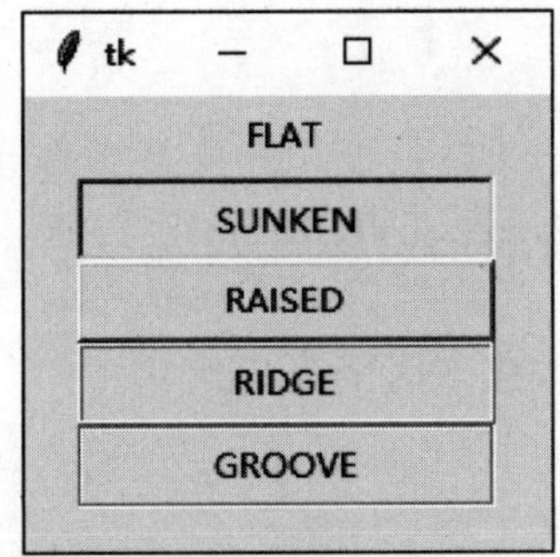

图 12-7 按钮的边框样式

12.1.4 位图属性和光标属性

1. 位图属性

位图属性对应的属性名为 bitmap,用来在组件上显示位图,tkinter 内置的位图有 error、gray75、gray50、gray25、gray12、hourglass、question、info、warning、questhead。

【示例 12.7】 使用 bitmap 属性在组件上显示位图。

```
from tkinter import *
root = Tk()
btn1 = Button(root, text="error", fg="red", bitmap="error")
btn1.pack(side=LEFT, padx=10)                              #错误
btn2 = Button(root, text="info", fg="green", bitmap="info")
btn2.pack(side=LEFT, padx=10)                              #信息
btn3 = Button(root, text="warning", fg="blue", bitmap="warning")
btn3.pack(side=LEFT, padx=10)                              #警告
btn4 = Button(root, text="hourglass", fg="red", bitmap="hourglass")
btn4.pack(side=LEFT, padx=10)                              #沙漏
btn5 = Button(root, text="question", fg="green", bitmap="question")
btn5.pack(side=LEFT, padx=10)                              #疑问
root.mainloop()
```

上述代码的执行结果如图 12-8 所示。该图后 5 种位图依次是 gray75、gray50、gray25、gray12 和 questhead。

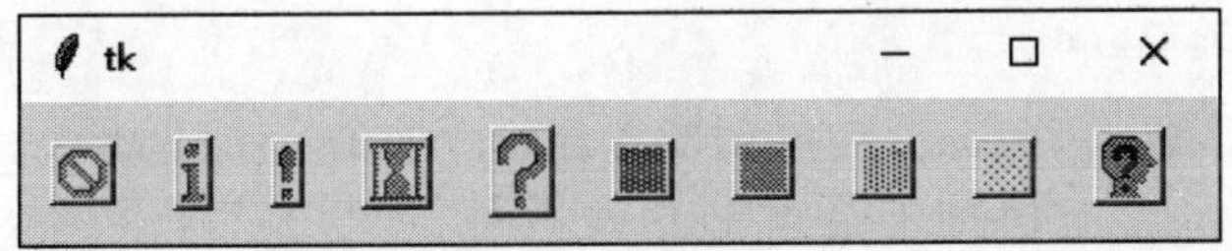

图 12-8 位图样式

2. 光标属性

光标属性对应的属性名为 cursor。tkinter 支持多种光标形状,具体形状可能因操作系统而异。系统内置的光标有 arrow、circle、clock、cross、dotbox、exchange、fleur、heart、man 等。

【示例 12.8】 设置组件获得焦点时的光标形状。

```
from tkinter import *
root = Tk()
button1 = Button(root, text="circle", cursor="circle", width=10)
button1.pack()
button2 = Button(root, text="heart", cursor="heart", width=10)
button2.pack()
root.mainloop()
```

上述代码的执行结果如图 12-9 所示。读者将光标放置到 circle 或 plus 按钮上观察其效果。

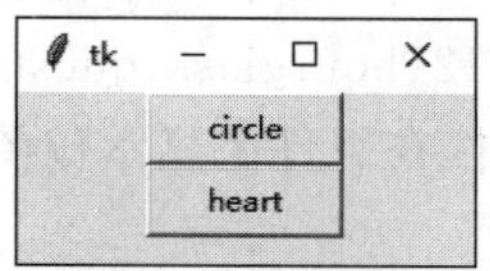

图 12-9 光标形状

12.2 布局管理器

tkinter 布局管理器用来组织和管理父组件中子组件的排列方式。tkinter 提供了三种布局管理类,它们分别是 pack 类、grid 类和 place 类。

12.2.1 pack 布局管理器

在默认情况下,pack 类自上而下将子组件依次放置在 Frame 组件或窗体内,其语法为

```
widget.pack(options)
```

其中 widget 为子组件,options 为一组属性及其对应的值。pack 类包含的属性如下。

- side:子组件在父组件中放置的相对位置,其值为 TOP(上)、BOTTOM(下)、LEFT(左)或 RIGHT(右),默认值为居中放置。
- expand:当改变窗口大小时,若 expand=1,则窗体会占满整个窗口剩余的空间;若 expand=0,则窗体保持不变。

- fill：与 expand＝1 配合使用。其值可为 X(窗体会占满整个窗口水平方向剩余的空间)、Y(窗体会占满整个窗口垂直方向剩余的空间)、BOTH(窗体会占满整个窗口剩余的空间)、NONE(窗体保持不变)。

【示例 12.9】 使用 pack 类布局组件。

```
from tkinter import *
root = Tk()
frame = Frame(root)
frame.pack()
bottomframe = Frame(root)
bottomframe.pack(side=BOTTOM)
redbutton = Button(frame, text="Red", fg="red", width=10)
redbutton.pack(side=LEFT)
greenbutton = Button(frame, text="Green", fg="green", width=10)
greenbutton.pack(side=LEFT)
bluebutton = Button(frame, text="Blue", fg="blue", width=10)
bluebutton.pack(side=LEFT)
blackbutton = Button(bottomframe, text="Black", fg="black", width=10)
blackbutton.pack(side=BOTTOM)
root.mainloop()
```

上述代码的运行结果如图 12-10 所示。

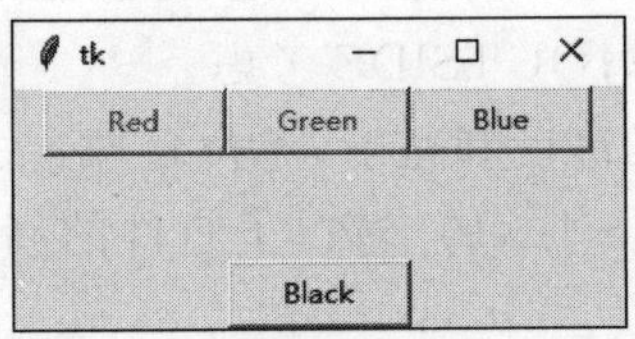

图 12-10　布局管理器 pack 类

12.2.2　grid 和 place 布局管理器

grid 类将子组件以类似于表的行列方式放置在父容器内，其语法为

```
widget.grid(options)
```

其中 widget 为子组件，options 为一组属性及其对应的值。grid 类包含的属性如下。

- row、column：组件在表格的第几行、第几列。
- rowspan、columnspan：组件在表格中垂直跨越的行数、水平跨越的列数。
- ipadx、ipady：组件水平方向和垂直方向的内边距。
- padx、pady：组件水平方向和垂直方向的外边距。
- sticky：与锚点属性 anchor 类似，其值为 N(North，上)、S(South，下)、W(West，左)、E(East，右)、NW(左上)、NE(右上)、SW(左下)、SE(右下)、CENTER(居中，

默认值）。

【示例 12.10】 使用 grid 类布局组件。

```
from tkinter import *
root = Tk()
frame = Frame(root, relief=RAISED, borderwidth=2)
frame.pack(side=TOP, fill=BOTH, ipadx=5, ipady=5, expand=1)
for i in range(3):
  for j in range(3):
    btn = Button(frame, text="(%d, %d)" % (i, j))
    btn.grid(row=i, column=j)
root.mainloop()
```

上述代码的运行结果如图 12-11 所示。

place 类将子组件放置在父容器中的特定位置，其语法为

```
widget.place(options)
```

其中 widget 为子组件，options 为一组属性及其对应的值。place 类包含的属性如下。

- anchor：见标准属性，默认值是 NW，表示子组件的左上角。
- bordermode：在放置子组件时是否考虑父容器的边框；INSIDE（默认值）不考虑；OUTSIDE 考虑。
- height、width：子组件的高度和宽度，单位是像素。
- relheight、relwidth：0.0～1.0 的小数，子组件的高度和宽度分别是父容器高度和宽度的百分比。
- relx、rely：0.0～1.0 的小数，子组件的 x 和 y 分别是父容器 x 和 y 的百分比。
- x、y：组件的绝对水平距离和垂直距离，默认值均为 0。

(0, 0) (0, 1) (0, 2)
(1, 0) (1, 1) (1, 2)
(2, 0) (2, 1) (2, 2)

图 12-11 布局管理器 grid 类

【示例 12.11】 使用 place 类布局组件。

```
from tkinter import *
root = Tk()
frame = Frame(root, relief=RAISED, borderwidth=2, width=230, height=130)
frame.pack(side=TOP, fill=BOTH, expand=1)
btn1 = Button(frame, text="ONE")
#第 1 个按钮左边框的中心位于(40, 40)
btn1.place(x=40, y=40, anchor=W, width=80, height=40)
#第 2 个按钮左边框的中心位于(140, 80)
btn2 = Button(frame, text="TWO")
btn2.place(x=140, y=80, anchor=W, width=80, height=40)
root.mainloop()
```

上述代码的运行结果如图 12-12 所示。

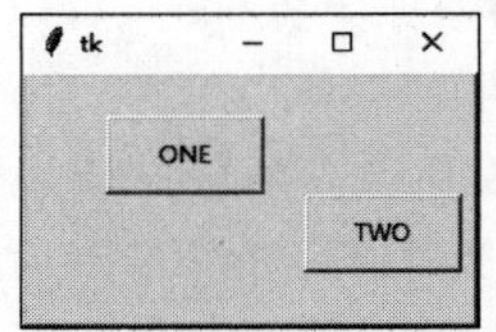

图 12-12　布局管理器 place 类

12.3　tkinter 事件处理

在使用 tkinter 开发 GUI 的过程中，有时需要处理一些事件，如键盘、鼠标动作。使用某种事件绑定，如 after()，将回调(callback)函数或方法绑定到组件的具体事件上。这样当组件发生该事件时，其对应的回调函数或方法就会被执行。tkinter 事件的绑定语法：

```
widget.func(events, callback)
```

- widget：tkinter 组件；
- func：函数名或方法名；
- events：一个事件或多个事件的序列；
- callback：事件处理函数或方法，又称回调函数或方法。

事件序列用尖括号括起来，其具体形式可表示为<modifier - type - detail>[①]：

- 修饰符 modifier 是可选的；
- 类型 type 是最重要的，用于描述事件类型，如鼠标点击或键盘的按键；
- 细节 detail 也是可选的，用于描述具体的按键，如 Button-1 表示鼠标左键。

几种主要事件修饰符介绍如下。

- Any：表示任何类型的按键被按下时触发该事件，如<Any-KeyPress>表示当用户按下任意键时触发该事件。
- Lock：当打开大写字母锁定键(CapsLock)时触发该事件。
- Double、Triple：分别表示当后续两个和三个事件接连发生时触发该事件，如<Double-Button-1>表示双击鼠标左键时触发该事件。

其他事件序列修饰符还包括 Alt、Ctrl、Shift 等按键。

几种主要事件类型介绍如下。

- Activate：当组件的状态从“未激活”变为“激活”时触发该事件。
- Button：点击鼠标按键时触发该事件；细节部分 detail 给出具体的按键<Button-1>表示鼠标左键，<Button-2>表示鼠标中键，<Button-3>表示鼠标右键，<Button-4>表示滚轮上滚(Linux)，<Button-5>表示滚轮下滚(Linux)。
- ButtonRelease：释放鼠标按键时触发该事件；在多数情况下，ButtonRelease 比

---

① 注意要用连字符“-”分隔。

Button 更好用，因为当不小心按下鼠标时，可以将鼠标移出组件后再释放鼠标，从而可以成功地避免触发事件。

- Configure：当组件的尺寸发生改变时触发该事件。
- Deactivate：当组件的状态从"激活"变为"未激活"时触发该事件。
- Destroy：当组件被销毁时触发该事件。
- Enter：当鼠标指针进入组件时触发该事件。
- Expose：当窗口或组件的某部分不再被覆盖时触发该事件。
- FocusIn：当组件获得焦点时触发该事件；可以用 Tab 键将焦点转移到该组件上（该组件的 takefocus 选项设置为 True 时）；也可以调用 focus_set 方法使该组件获得焦点。
- FocusOut：当组件失去焦点时触发该事件。

另外，还有 KeyPress、KeyRelease、Map、Unmap、Motion、MouseWheel、Leave、Visibility 等事件。

几种主要事件细节介绍如下。

当事件为<KeyPress>（简写<Key>）、<KeyRelease>时，细节 detail 给出具体的按键名（keysym），也就是按下或释放的是键盘的哪一个键。注意下列 A 键可以替换为其他的按键：

- <KeyPress>表示按下任意键；
- <KeyPress-A>表示按下键盘 A 键；
- <Alt-KeyPress-A>表示同时按下 Alt 和 A 键①；
- <Control-KeyPress-A>表示同时按下 Ctrl 和 A 键；
- <Shift-KeyPress-A>表示同时按下 Shift 和 A 键；
- <Double-KeyPress-A>表示按键盘 A 键两次；
- <Lock-KeyPress-A>表示打开大写字母锁定键以后按下 A 键；
- <Alt-Control-KeyPress-A>表示同时按下 Alt、Ctrl 和 A 键。

在 tkinter 中，event 是一个事件类。当某个事件发生时，首先生成一个 event 实例，不同类型的事件生成具有不同属性的 event 实例，然后该实例被传递给事件回调函数。

event 事件类的属性如下。

- widget：产生该事件的组件。
- x、y：鼠标的当前位置坐标（相对于窗口左上角，单位为像素）。
- x_root、y_root：鼠标的当前位置坐标（相对于屏幕左上角，单位为像素）。
- num：鼠标按键对应的数字，1 表示鼠标左键、2 表示鼠标中键、3 表示鼠标右键、4 表示滚轮上滚（Linux）、5 表示滚轮下滚（Linux）。
- width、height：组件新的宽度和高度。

另外，还有 char、keysym、keycode、type 等属性。

事件绑定的主要方法如下。

---

① 在<Alt-KeyPress-A>中 Alt 为修饰符 modifier，KeyPress 为事件类型 type，A 为细节 detail。

- after(delay[, callback [, arguments]]): 在延迟 delay 毫秒后,调用 callback 函数,arguments 是 callback 函数的参数。该方法返回一个 identifier 值,该值可以在 after_cancel()方法中使用。如果未给定 callback 回调函数,则该方法等价于 time.sleep(delay)。
- after_cancel(identifier): 取消回调函数,identifier 是 after()函数的返回值。
- bind(event, callback): 设置 event 事件的处理函数 callback。可以使用 bind(event, callback, "+")格式设置多个回调函数 callback。

另外还有 after_idle()、bindtags()、bind_all()、unbind_all()、bind_class()、unbind()、unbind_class()等事件绑定方法。

事件处理应用实例如下。

【示例 12.12】 使用 after()方法实现一个秒表。

```
import tkinter as tk
class Timer:
    def __init__(self, parent):
        self.seconds = 0
        self.lbTimer = tk.Label(parent, text="0 s", font="Calibri 20", width=10)
        self.lbTimer.pack()
        self.lbTimer.after(1000, self.refresh_label)
    def refresh_label(self):
        self.seconds +=1
        self.lbTimer.configure(text="%d s" %self.seconds)
        self.lbTimer.after(1000, self.refresh_label)
if __name__ == "__main__":①
    root = tk.Tk()
    timer = Timer(root)
    root.mainloop()
```

上述代码的运行结果如图 12-13 所示。

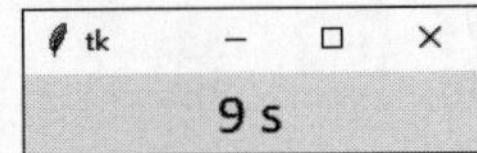

图 12-13　使用 after()方法实现秒表

【示例 12.13】 使用 bind()方法获取鼠标点击的位置坐标。

```
from tkinter import *
def handler(event, txtbox):
    if event.num in [1, 2, 3]:
        if event.num == 1:
            k = '左'
```

① Python 程序直接运行时其__name__属性的值等于__main__。

```
    elif event.num == 2:
        k = '中'
    else:
        k = '右'
    txtbox.insert(INSERT, "鼠标<%s>键点击的坐标(%d,%d)\n" %(k, event.x, 
event.y))
root = Tk()
frame = Frame(root, width=100, height=60)
txt = Text(frame, height=5)
txt.pack(side=LEFT, padx=20, pady=20)
frame.bind("<Button>", func=lambda event: handler(event, txt))
frame.pack()
root.mainloop()
```

上述代码的运行结果如图 12-14 所示。注意在文本框的外部、frame 框架范围内点击鼠标,才能响应鼠标点击事件。

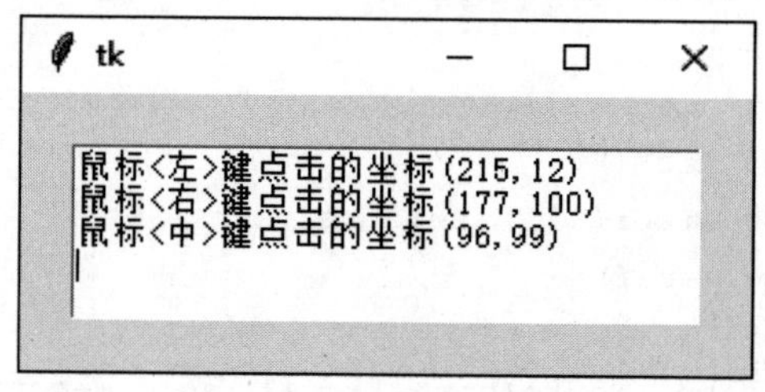

图 12-14 使用 bind()方法

【示例 12.14】 在一个文本组件 Text 中获取键盘的按键,然后将该按键在另一个文本组件 Text 中输出。

```
import tkinter

def print_char(event, txtbox):
    txtbox.insert(tkinter.END, event.char)

root = tkinter.Tk()
top_txt = tkinter.Text(root, height=3, width=20, font=("Calibri", 20))
top_txt.pack()
top_txt.bind("<Key>", func=lambda event: print_char(event, bottom_txt))
bottom_txt = tkinter.Text(root, height=3, width=20, font=("Calibri", 20))
bottom_txt.pack()
root.mainloop()
```

上述代码的运行结果如图 12-15 所示。在该图上面的文本框中按键盘的任意键,对应的按键名(key symbol)输出在下面的文本框中。

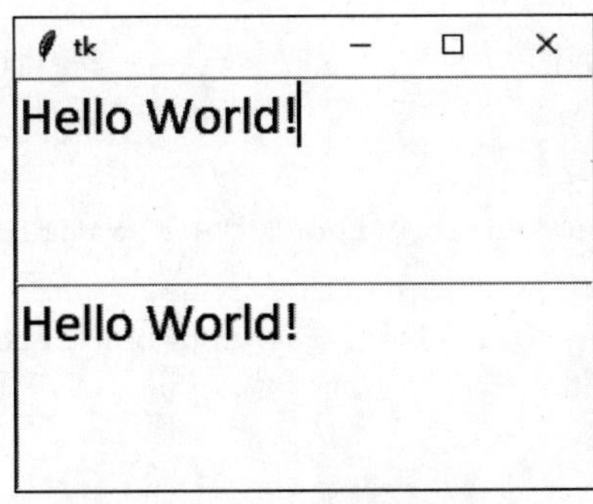

图 12-15　获取键盘的按键名

12.4　常用组件

12.4.1　按钮组件

按钮(Button)组件用于在图形用户界面上添加按钮。在按钮上可以显示文本或图像,并响应点击行为。将一个按钮与函数关联后,每当该按钮被按下时,系统就会自动调用该关联函数。创建按钮的语法:

```
Button(master, option=value, ...)
```

- master:按钮的父容器;
- option:可选项,即按钮的可设置属性,这些选项以"键=值"的形式设置,并用","分隔。

按钮除了具有标准属性外,还具有以下 5 个属性。

(1) command:按钮被点击时调用的函数或方法。

(2) image:按钮上显示的图像。

(3) justify:多行文本的对齐方式,其中 LEFT 表示左对齐、CENTER 表示居中对齐、RIGHT 表示右对齐。

(4) state:设置按钮的状态,其值为 NORMAL、ACTIVE、DISABLED(默认值)。

(5) text:按钮上显示的文本,使用换行符\n 显示多行文本。

按钮的主要方法如下。

(1) flash():在激活颜色和正常颜色之间闪烁数次。

(2) invoke():调用按钮的回调函数,并返回该函数的返回值。如果按钮被禁用或没有回调函数,则无效。

【示例 12.15】 按钮的点击事件。

```
from tkinter import *
from tkinter import messagebox
```

```
root = Tk()
root.geometry("200x100")                       #窗口的长和宽分别为 200 和 100 像素

def btn_click():
    messagebox.showinfo("Hello Python", "Hello World")

btn = Button(root, text="Click Me", command=btn_click)
btn.place(x=80, y=30)
root.mainloop()
```

上述代码的运行结果如图 12-16 所示。

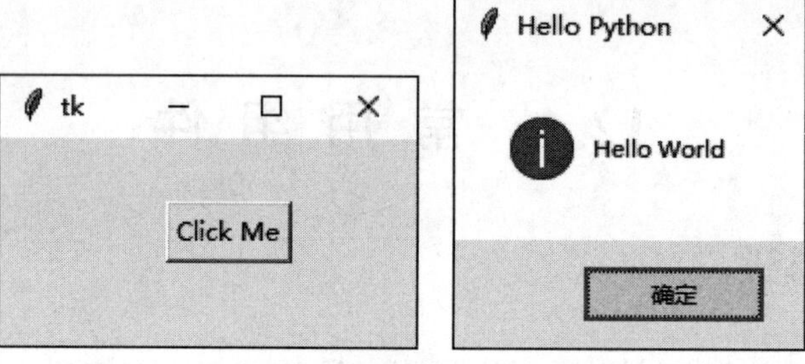

图 12-16　按钮的点击事件

12.4.2　画布组件

画布组件(Canvas)用于创建与显示图形,如直线、椭圆、多边形等;也可以将图形、文本、其他组件或框架放置在画布上。创建画布的语法:

```
Canvas(master, option=value, ...)
```

- master:画布的父容器;
- option:可选项,即画布的可设置属性,这些选项以“键=值”的形式设置,并用“,”分隔。

画布除了具有标准属性外,还具有以下属性。

(1) confine:如果为 True(默认),则画布不能在滚动区域(scrollregion)外滚动。

(2) scrollregion:元组 tuple(w, n, e, s)定义了画布可滚动的最大区域,w、n、e、s 分别代表区域的左边界、上边界、右边界、下边界。

(3) xscrollincrement、yscrollincrement:水平和垂直的滚动值。

另外还有 xscrollcommand、yscrollcommand 等属性。

画布的主要方法如下。

(1) create_line(x0, y0, x1, y1, ... , xn, yn, options):根据给定的坐标点绘制线条,其中 options 可以是 width 或 fill。width 定义线条的宽度,默认值是 1 像素;fill 定义线条的颜色,默认值是黑色(black)。

(2) create_arc(coord, start, extent, fill):根据给定的左上角与右下角的坐标coord、圆弧的起始角度start(逆时针方向)、结束角度extent(逆时针方向)、填充颜色fill绘制圆弧。

(3) create_oval(x0, y0, x1, y1, options):创建一个圆形或椭圆形,其中x0、y0为绘图区域的左上角坐标;x1、y1为右下角坐标;options可以是fill或outline。fill定义填充色,默认值是empty(透明);outline定义图形的轮廓颜色。

(4) create_polygon(x0, y0, x1, y1, … , xn, yn, options):创建一个至少由三个点组成的多边形,其中x0、y0、x1、y1、…、xn、yn为多边形点的坐标;options可以是fill、outline或splinesteps。fill定义多边形的填充色,默认值是黑色(black);outline定义多边形的轮廓颜色,默认值是黑色(black);splinesteps是一个整数,定义曲线的平滑度。

(5) create_rectangle(x0, y0, x1, y1, options):创建一个矩形,其中x0、y0为矩形的左上角坐标;x1、y1为右下角坐标;options可以是fill或outline。fill定义矩形的填充色,默认值是empty(透明);outline定义矩形的轮廓颜色,默认值是黑色(black)。

(6) create_text(x, y, text, options):创建一个文字字符串,其中x、y为文字的左上角坐标;text为文字;options可以是anchor或fill。anchor为文字在画布内的位置;fill定义文字字符串的颜色,默认值是empty(透明)。

画布的主要方法还包括create_window()、create_bitmap()、create_image()、delete()、itemconfig()、move()、coords()等。

【示例 12.16】 关于画布的应用程序。

```
from tkinter import *
root = Tk()
cv = Canvas(root, bg="white", height=200, width=300)
coord = 0, 0, 240, 210
arc = cv.create_arc(coord, start=10, extent=150, fill='blue')
btn = Button(cv, text="Button", width=10)
cv.create_window(200, 150, window=btn, anchor=W)
line = cv.create_line(10, 10, 200, 150, fill = 'black')
cv.pack()
root.mainloop()
```

上述代码的运行结果如图12-17所示。

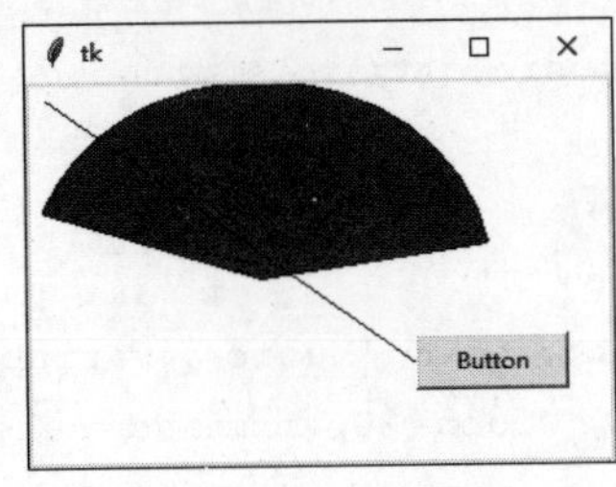

图12-17 画布

12.4.3 复选按钮

复选按钮(Checkbutton)用于显示多个选项,通过单击按钮可以选择一个或多个选项。创建复选按钮的语法:

```
Checkbutton(master, option=value, ...)
```

- master:复选按钮的父容器;
- option:可选项,即该复选按钮的可设置属性,这些选项以"键=值"的形式设置,并用","分隔。

复选按钮除了具有标准属性外,还具有如下属性。

(1) command:复选按钮状态改变时调用的函数或方法。

(2) justify:显示多行文本时的对齐方式,LEFT 表示左对齐,CENTER 表示居中对齐,RIGHT 表示右对齐。

(3) offvalue、onvalue:复选按钮的值可以是 1 或 0,也可以是其他类型的数值,可以通过属性 offvalue 和 onvalue 设置复选按钮的状态值。

(4) state:设置复选按钮的状态,其值有 NORMAL、ACTIVE、DISABLED(默认)。

(5) text:复选按钮上显示的文本,可以使用换行符\n 来显示多行文本。

(6) variable:控制变量,跟踪复选按钮的状态,通常是一个 IntVar 类型的变量,其值为 1(选中)或 0(未选中),但也可以是其他类型的变量。

此外,复选按钮还有 image、selectimage、selectcolor 等属性。

复选按钮的主要方法如下。

(1) deselect():关闭复选按钮。

(2) flash():在激活颜色和正常颜色之间闪烁数次。

(3) invoke():调用此方法可以获得与单击复选按钮更改其状态时相同的操作。

(4) select():打开复选按钮。

(5) toggle():在选中与未选中之间切换。

【示例 12.17】 简单的复选按钮。

```
from tkinter import *
def selection_changed():
    print("%d : %s" %(is_music.get(), is_video.get()))
root = Tk()
is_music = IntVar(value=0)
is_video = StringVar(value='N')
cb_music = Checkbutton(root, text='Music', variable=is_music,\
    onvalue=1, offvalue=0, width=20, command=selection_changed)
cb_video = Checkbutton(root, text='Video', variable=is_video,\
    onvalue='Y', offvalue='N', width=20, command=selection_changed)
cb_music.pack()
```

```
cb_video.pack()
root.mainloop()
```

上述代码的运行结果如图 12-18 所示。

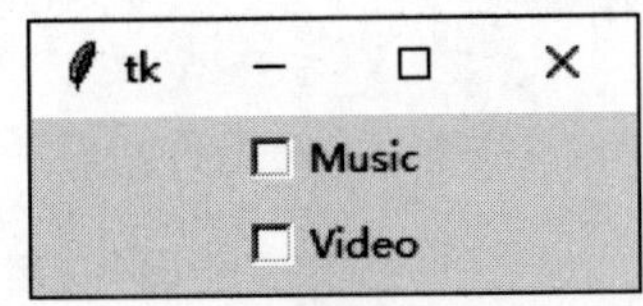

图 12-18　复选按钮

12.4.4　文本框

文本框(Entry)用于输入一行文本;如果需要输入多行文本,则可以使用 Text 组件;如果需要显示一行或多行文本且不许修改,则可以使用 Label 组件。创建文本框的语法:

```
Entry(master, option=value, ...)
```

- master:文本框的父容器;
- option:可选项,即该按钮的可设置属性,这些选项以"键=值"的形式设置,并用","分隔。

文本框除了具有标准属性外,还具有如下属性。

(1) exportselection:如果在输入框中选中文本,则默认情况会将此文本复制到粘贴板;设置 exportselection=0 可取消此功能。

(2) justify:显示多行文本时的对齐方式,LEFT 表示左对齐,CENTER 表示居中对齐,RIGHT 表示右对齐。

(3) show:设置文本框如何显示文本内容。如果该属性值非空,则文本框会显示指定的字符串以代替真正的文本内容;如果将该选项设置为 *,则文本框变为密码输入框。

(4) state:设置组件的状态为 normal(默认值)、disabled 和 readonly。

(5) textvariable:与文本框的文本相关联的 tkinter 变量(通常是 StringVar),当文本框的文本发生改变时,该变量的值也会发生相应改变,反之亦然。

(6) xscrollcommand:设置水平滚动条,一般在输入的文本宽度大于文本框的显示宽度时使用。

文本框的主要方法如下。

(1) delete(first, last=None):从文本框中删除字符,从 first 索引处的字符开始,直到但不包括 last 索引处的字符。如果省略第二个参数,则只删除索引 first 指向的单个字符。

(2) get():以字符串形式返回文本框的当前文本。

(3) index(index):移动文本框的文本,使给定 index 索引处的字符在可见字符的最左边。

(4) insert(index, s)：在给定的 index 索引指向的字符前面插入字符串 s。

文本框的其他方法还包括 icursor()、select_adjust()、select_clear()、select_from()、select_present()、select_range()、select_to()、xview()、xview_scroll()。

【示例 12.18】 文本框的应用程序。

```
from tkinter import *
def validate():
    if len(sv.get()) >3:                            #用户名长度大于 3
        return True
    else:
        entry.delete(0, END)                        #用户名长度小于或等于 3 时清空文
本框
        return False
root = Tk()
top_canvas = Canvas(root)
Label(top_canvas, text="用户名:", width=6).pack(side=LEFT)
sv = StringVar()
entry = Entry(top_canvas, textvariable=sv, validate="focusout",
validatecommand=validate)
entry.pack(side=LEFT)
top_canvas.pack(anchor=N, expand=YES, fill=X, padx=5, pady=5)
bottom_canvas = Canvas(root)
Label(bottom_canvas, text="密码:", width=6).pack(side=LEFT)
Entry(bottom_canvas, show="*", validatecommand=validate).pack(side=LEFT)
bottom_canvas.pack(anchor=N, expand=YES, fill=X, padx=5, pady=5)
root.mainloop()
```

上述代码的运行结果如图 12-19 所示。

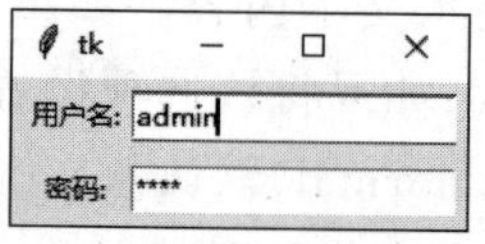

图 12-19 文本框

12.4.5 列表框

列表框(Listbox)用于显示一个选择列表,可以从列表中选择一个或多个选项。列表框跟复选按钮和单选按钮类似,只不过列表框是以列表的形式提供选项的。创建列表框的语法:

```
Listbox(master, option=value, ...)
```

- master：列表框的父容器;

• option：可选项，即列表框的可设置属性，这些选项以“键＝值”的形式设置，并用逗号“,”分隔。

列表框除了具有标准属性外，还具有如下属性。

（1）selectmode：选择模式 BROWSE（单选，可以拖动）、SINGLE（单选，不可拖动）、MULTIPLE（多选）、EXTENDED 多选但需要同时按住 Shift 键或 Ctrl 键或拖曳鼠标实现。

（2）xscrollcommand：将该属性与 Scrollbar 组件相关联，即可为 Listbox 添加水平滚动条。

（3）yscrollcommand：将该属性与 Scrollbar 组件相关联，即可为 Listbox 添加垂直滚动条。

列表框的主要方法如下。

（1）delete(first，last＝None)：删除参数 first 到 last 范围内的所有选项（包括 first 和 last）；如果忽略 last 参数，则只删除 first 参数指定的选项。

（2）get(first，last＝None)：返回一个元组，包含参数 first 到 last 范围内的所有选项（包括 first 和 last）；如果忽略 last 参数，则只返回 first 参数指定的选项。

（3）insert(index，＊elements)：添加一个或多个项目到列表框中。

（4）see(index)：使索引指定的行可见。

（5）select_clear(first，last＝None)：取消参数 first 到 last 范围内选项的选中状态（包括 first 和 last）；如果忽略 last 参数，则只取消 first 指定的选项的选中状态。

（6）selection_set(first，last＝None)：设置参数 first 到 last 范围内选项为选中状态（包括 first 和 last）；如果忽略 last 参数，则只设置 first 指定的选项为选中状态。

（7）nearest(y)：返回某一行的索引值，该行的纵坐标值最接近 y。

另外，列表框的方法还有 size()、index()、curselection()、activate()、yview_scroll()、yview_moveto()、yview()、xview_scroll()、xview_moveto()、xview()。

【示例 12.19】 列表框应用程序。

```
from tkinter import *

def lbox_click(event):
    index = lbox.nearest(event.y)
    print(index, lbox.get(index))
root = Tk()
sv = StringVar()
sv.set("Python Perl C PHP JSP Ruby")
lbox = Listbox(root, height=6, listvariable=sv)
lbox.pack(padx=5, pady=5, expand=YES, fill=BOTH)
lbox.bind("<Button-1>", func=lbox_click)
root.mainloop()
```

上述代码的运行结果如图 12-20 所示。

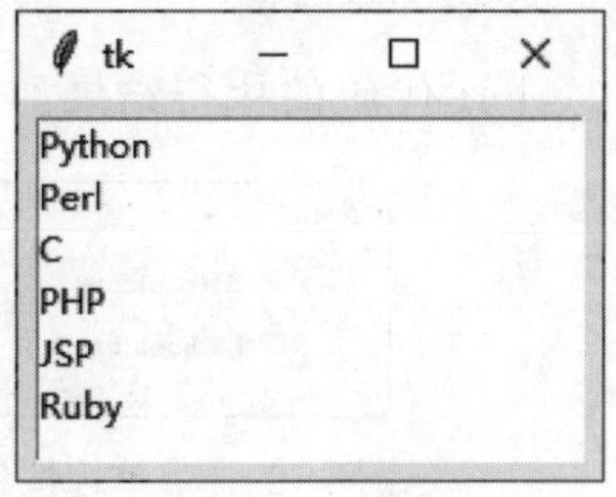

图 12-20 列表框

12.4.6 单选按钮和文本组件

另外还有几个组件，此处不再详细地介绍，本节仅给出示例代码，供读者参考。

1. 单选按钮(Radiobutton)

其示例代码如下：

```
import tkinter

root = tkinter.Tk()
v = tkinter.IntVar()
v.set(1)
radio_button1 = tkinter.Radiobutton(root, text="Radiobutton 1", variable=v,
value=1)
radio_button2 = tkinter.Radiobutton(root, text="Radiobutton 2", variable=v,
value=2)
radio_button1.pack()
radio_button2.pack()
root.mainloop()
```

上述代码的执行结果如图 12-21 所示。

另一种风格的单选按钮的示例代码如下：

```
import tkinter

root = tkinter.Tk()
v = tkinter.IntVar()
v.set(1)
radio_button1 = tkinter.Radiobutton(root, text="Radiobutton 1", \
                                    variable=v, value=1, indicatoron=False)
radio_button2 = tkinter.Radiobutton(root, text="Radiobutton 2", \
                                    variable=v, value=2, indicatoron=False)
radio_button1.pack()
radio_button2.pack()
root.mainloop()
```

上述代码的执行结果如图 12-22 所示。

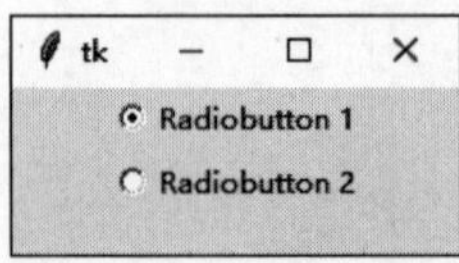

图 12-21　单选按钮

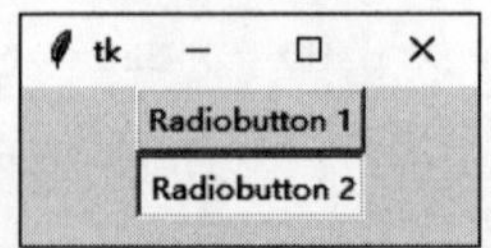

图 12-22　另一种风格的单选按钮

2. 文本组件(Text)

允许输入多行文本的文本组件：

```
import tkinter
root = tkinter.Tk()
text = tkinter.Text(root, width=20, height=3)
text.insert(tkinter.END, "第一行\n 第二行\n 第三行")
text.pack()
root.mainloop()
```

上述代码的执行结果如图 12-23 所示。

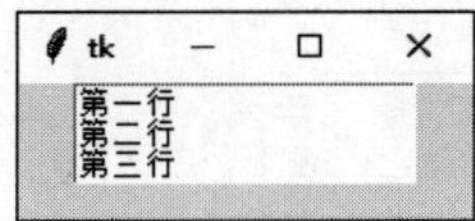

图 12-23　文本组件

12.4.7　与菜单有关的组件

菜单组件(Menu)示例代码如下：

```
from tkinter import *

def exit_program():
    exit()

root = Tk()
root.title("Tkinter Window")
root.geometry("400x200")
my_menu = Menu(root)
root.config(menu=my_menu)

file_menu = Menu(my_menu)
file_menu.add_command(label="New...")
file_menu.add_command(label="Exit", command=exit_program)
my_menu.add_cascade(label="File", menu=file_menu)

edit_menu = Menu(my_menu)
edit_menu.add_command(label="Undo")
edit_menu.add_command(label="Redo")
my_menu.add_cascade(label="Edit", menu=edit_menu)
root.mainloop()
```

上述代码的执行结果如图 12-24 所示。

选项菜单(OptionMenu)示例代码如下：

```
import tkinter

root = tkinter.Tk()
sv = tkinter.StringVar(root)
options = ("Option 1", "Option 2", "Option 3")
option_menu = tkinter.OptionMenu(root, sv, * options)
option_menu.pack()
root.mainloop()
```

上述代码的执行结果如图 12-25 所示。

图 12-24　菜单组件 Menu

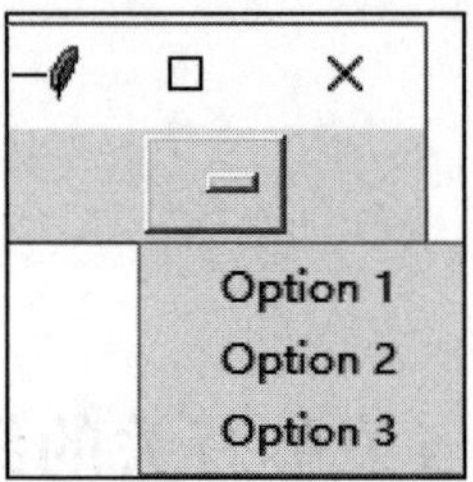

图 12-25　选项菜单

12.4.8　容器组件

简单的容器组件(LabelFrame)示例代码如下：

```
import tkinter

root = tkinter.Tk()
labelframe = tkinter.LabelFrame(root, text='LabelFrame')
label = tkinter.Label(labelframe, text='LabelFrame 的子组件')
labelframe.pack(padx=20, pady=10)
label.pack()
root.mainloop()
```

上述代码的执行结果如图 12-26 所示。

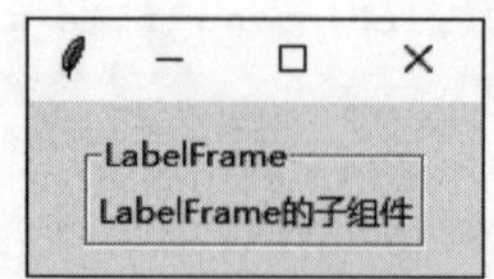

图 12-26　简单的容器组件

顶层容器组件(Toplevel)示例代码如下:

```
from tkinter import *

root = Tk()
top = Toplevel(root)
top.title("About this application...")
about_message="This is a tkinter demo application."
msg = Message(top, text=about_message)
msg.pack()
button = Button(top, text="关闭", command=top.destroy)
button.pack()
root.mainloop()
```

上述代码的执行结果如图 12-27 所示。

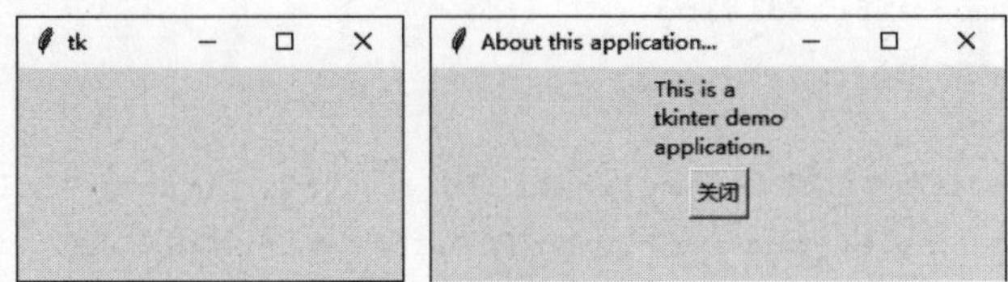

图 12-27　顶层容器组件

12.4.9　消息框和文件对话框

1. 消息框(messagebox)的使用

其示例代码如下:

```
from tkinter import *
import tkinter.messagebox as mbox

def btn_click():
    mbox.showinfo("Alert", "警告信息!")
    response = mbox.askokcancel("Question", "喜欢 tkinter 吗?")
    if response == 1:
        Label(root, text = "是的,喜欢!").pack()
    else:
        Label(root, text = "对不起,不喜欢!").pack()

root = Tk()
root.geometry('200x100')
btn = Button(root, text='Click Me', pady=5, width=10, command=btn_click)
btn.pack()
```

```
root.mainloop()
```

上述代码的执行结果如图 12-28 所示。

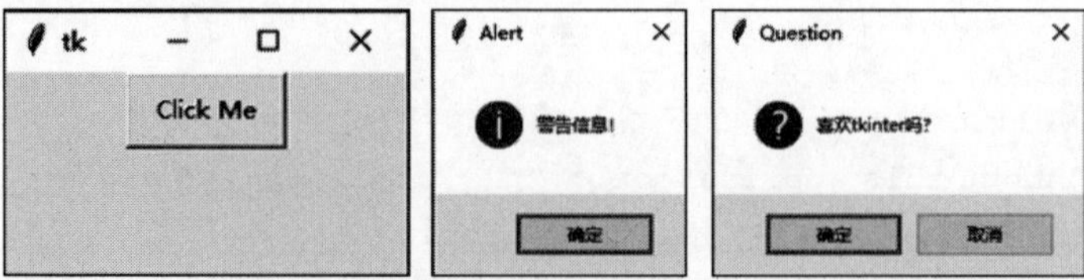

图 12-28　消息框

2. 文件对话框(filedialog)的使用

其示例代码如下：

```
from tkinter import filedialog
from tkinter import *
def button_click():
    filedialog.askopenfilename(initialdir = "/", title = "Select file", \
                filetypes = (("jpeg files", "* .jpg"), ("all files", "* . * ")))
root = Tk()
button = Button(root, text="打开文件", command=button_click)
button.pack()
root.mainloop()
```

上述代码的执行结果如图 12-29 所示。

图 12-29　文件对话框

12.4.10　其他组件

范围组件(Scale)示例代码如下：

```
import tkinter

root = tkinter.Tk()
scale = tkinter.Scale(root, from_=0, to=100, orient=tkinter.HORIZONTAL)
scale.set(25)
scale.pack()
root.mainloop()
```

上述代码的执行结果如图 12-30(a)所示。读者可以将选项 orient 的值修改为 tkinter.VERTICAL,以得到图 12-30(b)。

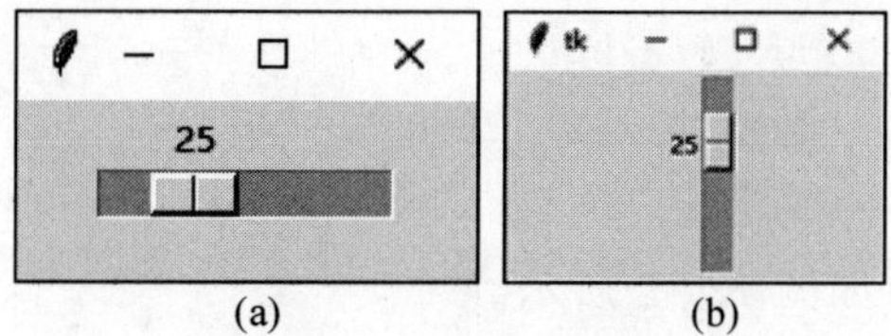

图 12-30 范围组件

关于进度条(Progressbar)的示例代码如下：

```
from tkinter.ttk import *
from tkinter import *

root = Tk()
progressbar = Progressbar(root, orient='horizontal', length=300, mode="
determinate")
progressbar.pack()
def progress(currentValue):
    progressbar["value"] = currentValue
currentValue = 0
progressbar["value"] = currentValue
maxValue = 100
progressbar["maximum"] = maxValue
times = 10
for i in range(times):
    currentValue = currentValue + 10
    progressbar.after(1500, progress(currentValue))
    progressbar.update()
root.mainloop()
```

上述代码的执行结果如图 12-31 所示。

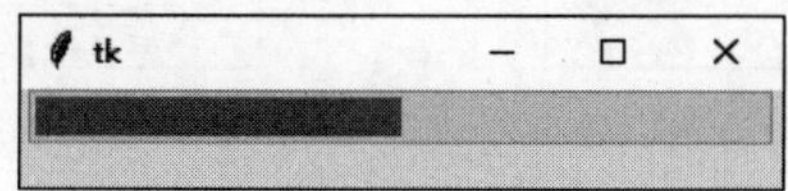

图 12-31 进度条

添加了滚动条(Scrollbar)的列表框,其示例代码如下：

```
from tkinter import *

root = Tk()
scrollbar = Scrollbar(root)
scrollbar.pack(side=RIGHT, fill=Y)
```

```
listbox = Listbox(root, yscrollcommand=scrollbar.set)
for i in range(20):
    listbox.insert(END, str(i))
listbox.pack(side=LEFT, fill=BOTH)
scrollbar.config(command=listbox.yview)
root.mainloop()
```

上述代码的执行结果如图 12-32 所示。

组合框(Combobox)示例代码如下：

```
from tkinter import ttk
import tkinter

root = tkinter.Tk()
ttk.Label(root, text="Choose a number:").grid(column=1, row=0)
number = tkinter.StringVar()
numberChosen = ttk.Combobox(root, width=12, textvariable=number)
numberChosen['values'] = (1, 2, 4, 12, 20)
numberChosen.grid(column=1, row=1)
numberChosen.current(0)                              #此处的 0 为元素的下标
root.mainloop()
```

上述代码的执行结果如图 12-33 所示。

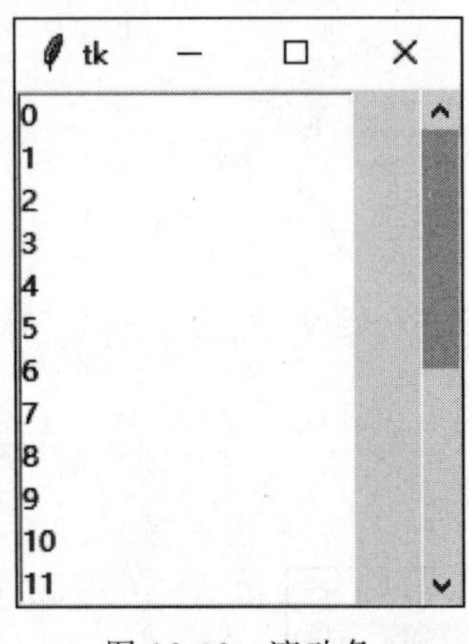

图 12-32　滚动条

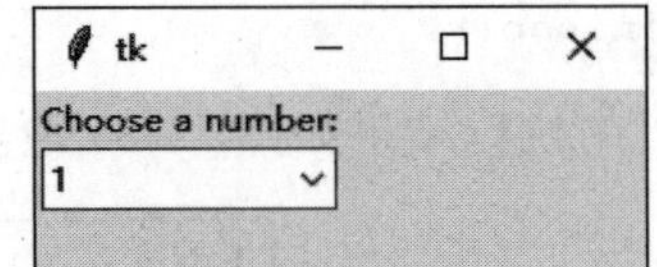

图 12-33　组合框

12.5 小　　结

对一款商业软件而言，其图形用户界面是否人性化、是否方便易用是十分重要的。本章以 Python 语言的内置模块 tkinter 为例，系统讲述了创建 GUI 应用程序的 4 个步骤、组件的标准属性、布局管理器、常用的组件、事件处理等内容。通过本章的学习，读者基本能够设计出具有一定复杂度的用户界面。

练习题 12

1. 编写程序加载 tkinter 库并起别名 tk。

2. 创建一个 GUI,其标题为“欢迎您!”

3. 写出 tkinter 库中 5 个常用的组件。

4. 写出 tkinter 库显示文本的 3 个组件。

5. 组件的尺寸单位有哪些?

6. tkinter 库中两种指定颜色的通用方法是什么?

7. 分别列举三种尺寸属性和颜色属性。

8. 给出一个字体三元组。

9. 锚点属性对应的属性名是什么?写出 5 个最常用的参照点。参照点的默认值是什么?

10. 样式属性对应的属性名是什么?想要显示 3D 样式的边框,样式属性可以取哪些值?

11. 位图属性对应的属性名是什么?写出三种常用的位图名称。

12. 光标属性对应的属性名是什么?写出三种系统内置的光标形状名称。

13. tkinter 库有几种布局管理器,分别是什么?

14. 创建 4 个按钮,其上文字分别为(0,0)、(0,1)、(1,0)和(1,1),使用 grid 类将这 4 个按钮分别放到它们对应的格子里,如将按钮(0,0)放到(0,0)格子。

15. 设计如图 12-34 所示的界面,当按住 Alt 键并单击 Hello 按钮时,在下方的文本框中输出一个字符串 Hello 并换行。

16. 设计一个用户登录界面,如图 12-35 所示。当输入用户名 admin、密码 1234 后,单击“提交”按钮,此时弹出一个消息框,提示用户“登录成功”;否则显示“登录失败”。注意密码的回显字符为 * 。

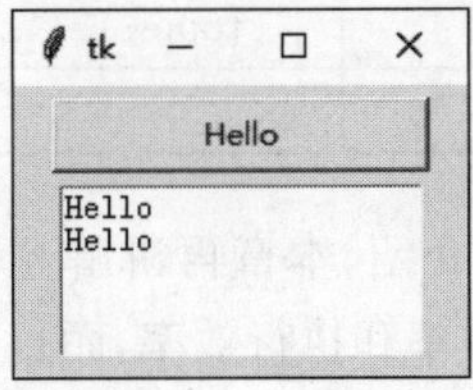

图 12-34　事件处理

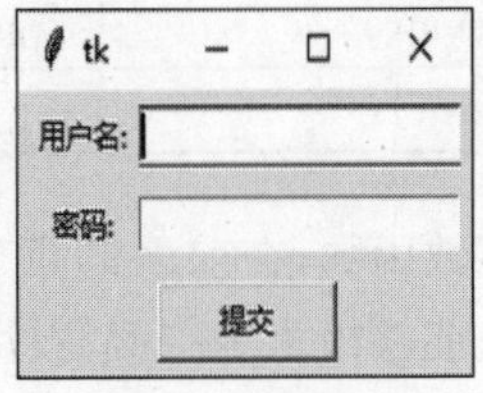

图 12-35　登录界面

第13章

Python 语言的常用函数

Python 3.5.3 解释器一共有 68 个内置函数，如表 13-1 所示，可以使用下列命令得到这些函数：

```
>>> dir(__builtins__)
```

表 13-1　内置函数

abs()	all()	any()	ascii()	bin()
bool()	bytearray()	bytes()	callable()	chr()
classmethod()	compile()	complex()	delattr()	dict()
dir()	divmod()	enumerate()	eval()	exec()
filter()	float()	format()	frozenset()	getattr()
globals()	hasattr()	hash()	help()	hex()
id()	input()	int()	isinstance()	issubclass()
iter()	len()	list()	locals()	map()
max()	memoryview()	min()	next()	object()
oct()	open()	ord()	pow()	print()
property()	range()	repr()	reversed()	round()
set()	setattr()	slice()	sorted()	staticmethod()
str()	sum()	super()	tuple()	type()
vars()	zip()	__import__()		

表 13-1 中的大多数函数，在前面的章节中已经介绍，本章再讲解几个既常用又重要的函数，充分利用这些函数能够极大地提高程序的开发效率和执行效率，而且使得程序更加健壮。

13.1　常用函数介绍

本节详细介绍 8 个函数，它们分别是执行函数 exec()、过滤函数 filter()、投影函数 map()、区间函数 range()、缩减函数 reduce()、组合函数 zip()、枚举函数 enumerate()和格式函数 format()。除缩减函数 reduce()外，其他 7 个函数都是 Python 语言的内置函数。

13.1.1 执行函数和过滤函数

1. 执行函数 exec()

exec 是单词 execute 的简写，execute 是“执行”的意思。exec(x)动态执行代码。

【示例 13.1】

```
>>> code = 'a = 1\nb = 2\nprint("sum = ", a+b)'
>>> exec(code)
sum =-3
```

上述代码等价于：

```
>>> a = 1
>>> b = 2
>>> print("sum = ", a+b)
sum =-3
```

使用 exec()函数时一定要注意，eval()函数和 exec()函数都有两个可选参数 globals 和 locals，其完整形式分别为 eval(x, globals, locals)和 exec(x, globals, locals)。

2. 过滤函数 filter()

filter 是“过滤”的意思。filter(func, iter)函数返回一个 filter 对象，该对象由 iter 中的元素组成，这些元素使得函数 func()的返回值为 True；如果函数 func 为 None，则 filter 对象中的元素等价于 True。

【示例 13.2】

```
>>> def f(x):
    return x %2 !=0 and x %3 !=0                  #x 不能被 2 和 3 整除时,返回 True
>>> result = filter(f, range(2, 10))               #依次检查整数 2,3,…,9
>>> list(result)
[5, 7]
```

【示例 13.3】

```
>>> alphabets = ['a', 'b', 'c', 'd']
>>> def filterVowels(letter):
    vowels = ['a', 'e', 'i', 'o', 'u']             #元音字母
    if letter in vowels:
        return True
    else:
        return False
```

```
>>> filteredVowels = filter(filterVowels, alphabets)
>>> list(filteredVowels)                              #保留元音字母
['a']
```

【示例 13.4】

```
>>> lt = [1, 'a', 0, False, True, '0']                #0 和 False 都为假
>>> filteredList = filter(None, lt)
>>> list(filteredList)
[1, 'a', True, '0']
```

13.1.2 投影函数和区间函数

1. 投影函数 map()

map 是"投影"的意思。map(func, iter)函数返回一个 map 对象,该对象由 func 的函数值组成,func 函数作用于 iter 中的每一个元素。

【示例 13.5】

```
>>> def calculateSquare(n):                           #计算 n 的平方
    return n * n
>>> nums = (1, 2, 3)
>>> result = map(calculateSquare, nums)
>>> set(result)                                       #将计算结果转换为集合
{1, 4, 9}                                             #得到 1、2、3 的平方
```

【示例 13.6】

在 map()函数中使用匿名函数 lambda:

```
>>> nums = (1, 2, 3)
>>> result = map(lambda x: x * x, nums)
>>> list(result)                                      #将计算结果转换为列表
[1, 4, 9]
```

【示例 13.7】

```
>>> lt1 = [1, 2, 3]
>>> lt2 = [2, 3, 5, 6]                                #两个列表可以是不等长的
>>> result = map(lambda n1, n2: n1+n2, lt1, lt2)
>>> list(result)                                      #计算两个列表中对应元素的和
[3, 5, 8]
```

2. 区间函数 range()

range 是"范围,区间"的意思。range([start,] end [, step])函数返回一个 range 对象,该对象包含[start, end-1]区间内以 step 为步长的所有整数。range 对象属于惰性求

值，也就是延迟求值，只有在需要时才进行求值。因为创建一个列表，尤其是大列表时内存的开销非常大。

【示例 13.8】

```
>>> range(5)
range(0, 5)                              #range 对象
>>> list(range(5))                       #惰性求值
[0, 1, 2, 3, 4]
>>> list(range(2, 5))                    #起点 2,终点 5(不包括)
[2, 3, 4]
>>> list(range(1, 10, 3))                #起点 1,终点 10(不包括),步长 3
[1, 4, 7]
```

13.1.3 缩减函数、组合函数和枚举函数

1. 缩减函数 reduce()

reduce 是“减少、缩小”的意思。reduce(func, seq[, initial])函数返回一个数值，reduce 将函数 func()从左到右依次作用于序列 seq 中的每一个元素。使用 reduce()函数时需要导入 functools 模块。如果给定参数 initial，则将其作为序列 seq 的第一项。示例如下：

```
>>> from functools import reduce
>>> reduce(lambda x, y: x+y, [1, 2, 3, 4, 5])
15
```

上述代码的计算过程：1 与 2 相加得到 3，3 与 3 相加得到 6，6 与 4 相加得到 10，10 与 5 相加得到 15，15 就是最终的运算结果。

```
>>> reduce(lambda a, b: a+b, [], 5)      #初始值 initial 为 5
5
>>> reduce(lambda a, b: a+b, [1, 3], 5)  #初始值 initial 为 5
9
```

2. 组合函数 zip()

zip 有“拉链”的意思。zip(iter1 [,iter2 [...]])函数返回一个 zip 对象，其元素为(iter1[i], iter2[i], ...)形式的元组。

【示例 13.9】

```
>>> o = zip([1, 2], ['a', 'b'])          #将两个列表[1, 2]和['a', 'b']执行 zip 运算
>>> list(o)                              #将 zip 对象转换为列表
[(1, 'a'), (2, 'b')]
```

【示例 13.10】

```
>>> m = zip([2, 4], ['h', 'o'], ['x', 'y', 'z'])      #将三个列表执行 zip 运算
>>> list(m)                                           #列表可以是不等长的
[(2, 'h', 'x'), (4, 'o', 'y')]
```

3. 枚举函数 enumerate()

enumerate 是“枚举”的意思。enumerate(iter[, start=0])函数将一个可遍历的数据对象,如列表、元组、字符串,组合得到一个索引序列。

【示例 13.11】

```
>>> grocery = ['bread', 'milk', 'butter']
>>> result = enumerate(grocery)
>>> list(result)
[(0, 'bread'), (1, 'milk'), (2, 'butter')]
```

【示例 13.12】

```
>>> result = enumerate(grocery, 1)                    #设置索引的初始值 1
>>> list(result)
[(1, 'bread'), (2, 'milk'), (3, 'butter')]
```

【示例 13.13】

```
>>> for count, item in enumerate(grocery):
    print(count, item)
0 bread
1 milk
2 butter
```

13.1.4 格式函数

1. 格式函数 format()

format 是“格式”的意思。format()函数解决字符串和变量同时输出时的格式问题,其语法格式:

```
<模板>.format(<以逗号分隔的参数>)
>>> "{}曰:学而时习之,不亦说乎?".format('孔子')
'孔子曰:学而时习之,不亦说乎?'
```

模板中的大括号{}叫作槽(slot),format()函数的参数从 0 开始编号:

```
>>> "{} {}".format('hello', 'world')
'hello world'
```

在上述代码中，实参 hello 和 world 的编号分别为 0 和 1。

```
>>> "{2}: {0} {1}".format('hello', 'world', 'Brian')
'Brian: hello world'
```

槽的个数与实参的个数不一致时会出错，此时必须在槽中使用编号指定要使用的参数：

```
>>> "{}-{}".format('good')                    #槽的个数与实参的个数不一致，引发异常
Traceback (most recent call last):
  File "<pyshell#183>", line 1, in <module>
    "{}-{}".format('good')
IndexError: tuple index out of range
>>> "{0}-{0}".format('good')                  #在槽中使用编号指定要使用的参数
'good-good'
```

如果想输出大括号{或}，则需要在模板中使用{{或}}：

```
>>> "{{{}}}".format('one')
'{one}'
```

槽{}中除了包含参数的编号，还可以包含格式控制标记，其语法格式如下：

```
{<参数的编号>:<格式控制标记>}
```

2. 格式控制标记

格式控制标记包括填充、对齐、宽度、逗号、精度和类型等多个字段，如表 13-2 所示。这些字段是可选的，也可以组合起来使用。接下来按功能将这 6 个字段分成两组进行讲解。

表 13-2 格式控制标记

标 记	说 明
:	引导符
<填充>	用于填充的单个字符
<对齐>	<左对齐(默认)；>右对齐；^居中对齐
<宽度>	设定槽的输出宽度
<,>	数据的千分位分隔符，只适用于整数和浮点数
<.精度>	浮点数小数部分的精度或字符串的最大输出长度
<类型>	整数类型：b, c, d, o, x, X; 浮点数类型：e, E, f, %

第一组：<填充>、<对齐>和<宽度>，用于指定字符串的输出格式。

```
>>> s = '人工智能'
```

```
>>> "{:25}".format(s)                          #左对齐(默认),输出宽度 25
'人工智能                     '
>>> "{:1}".format(s)                           #输出宽度 1,小于 s 的长度,s 原样输出
'人工智能'
>>> "{:^25}".format(s)                         #居中对齐,输出宽度 25
'          人工智能           '
>>> "{:>25}".format(s)                         #右对齐,输出宽度 25
'                     人工智能'
>>> "{:*^25}".format(s)                        #居中对齐,用星号 * 填充
'**********人工智能***********'
>>> "{:+^25}".format(s)                        #居中对齐,用加号+填充
'++++++++++人工智能+++++++++++'
```

可以在格式控制标记中使用变量：

```
>>> s = "人工智能"
>>> y = '-'
>>> "{0:{1}^25}".format(s, y)                  #变量 y 代表填充字符
'----------人工智能-----------'
>>> "{0:{1}^{2}}".format(s, y, 25)             #y 和 25 分别代表填充字符和输出宽度
'----------人工智能-----------'
```

第二组：<,>、<.精度>和<类型>,用于指定数据的输出格式。

首先看格式控制标记逗号<,>的用法：

```
>>> num = 1234567890
>>> "{:-^25,}".format(num)
'------1,234,567,890------'
>>> "{:-^25}".format(num)                      #对比两种输出结果
'-------1234567890--------'
```

<.精度>以小数点(.)开头。对于浮点数,精度表示输出小数部分时保留的位数(必要时进行四舍五入);对于字符串,精度表示输出的最大长度。

```
>>> "{:.2f}".format(1245.6912)                 #保留 2 位小数,f 表示输出浮点数
'1245.69'
>>> "{:>10.1f}".format(1245.6912)              #输出的浮点数占 10 列,注意小数点占 1 列
'    1245.7'
>>> "{:.5}".format('人工智能')                 #字符串的实际长度小于 5,以实际长度为准
'人工智能'
>>> "{:.3}".format('人工智能')                 #字符串的实际长度大于 3,进行截取
'人工智'
```

<类型>指定整数和浮点数的输出格式。对于整数类型,其包含 6 种输出格式：

b：输出整数的二进制形式(binary);

c：输出整数对应的 Unicode 字符(character);

d：输出整数的十进制形式(decimal)；

o：输出整数的八进制形式(octal)；

x：输出整数的小写十六进制形式(hexadecimal)；

X：输出整数的大写十六进制形式(hexadecimal)。

示例如下：

```
>>> "{0:b}".format(43)              #可以省略参数编号 0,等价于"{:b}".format(43)
'101011'
>>> "{0:c}".format(43)
'+'
>>> "{0:d}".format(43)
'43'
>>> "{0:o}".format(43)
'53'
>>> "{0:x}".format(43)
'2b'
>>> "{0:X}".format(43)
'2B'
```

对于浮点数类型，其包含如下 4 种输出格式：

e：输出浮点数的指数形式，使用小写字母 e(exponential(指数的))；

E：输出浮点数的指数形式，使用大写字母 E；

f：输出浮点数的标准形式(float)；

%：输出浮点数的百分比形式。

示例如下：

```
>>> "{0:.2e}".format(0.618)         #参数编号 0 可以省略
'6.18e-01'                          #科学记数法,小写 e
>>> "{0:.2E}".format(0.618)
'6.18E-01'                          #科学记数法,大写 E
>>> "{0:.2f}".format(0.618)         #浮点数的标准形式
'0.62'
>>> "{0:.2%}".format(0.618)         #百分比的形式
'61.80%'
```

下面再举几个例子：

```
>>> "{:.2f}".format(3.1415)         #输出两位小数
'3.14'
>>> "{:x}".format(26)               #输出整数 26 的十六进制形式
'1a'
>>> "{:.2}".format("人工智能")      #输出字符串"人工智能"的前两位
'人工'
>>> "{:-^10}".format("Python")      #居中输出字符串 Python,两端用字符-填充
'--Python--'
```

13.2 可迭代与迭代器

1. 可迭代

可迭代(iterable)是一个可以被循环的对象,如字符串、列表、元组、集合、字典、文件等。

(1) 字符串是可迭代的,举例如下:

```
>>> s = 'hello'                          #字符串是一种可迭代对象
>>> for ch in s:
    print(ch)
```

上述代码的输出结果:

```
h
e
l
l
o
```

(2) 列表是可迭代的,举例如下:

```
>>> for num in [1, 3, 2]:                #列表是一种可迭代对象
    print(num)
```

上述代码的输出结果:

```
1
3
2
```

(3) 元组是可迭代的,举例如下:

```
>>> for num in (1, 5, 2):                #元组是一种可迭代对象
    print(num)
```

上述代码的输出结果:

```
1
5
2
```

2. 迭代器

将 iter()[①]函数作用于可迭代对象,得到一个迭代器(iterator)。迭代器有一个

---

① iter(obj),其中 obj 是一个可迭代对象。

__next__()方法，通过该方法可访问可迭代对象中的每一个元素。

```
>>> a = [1, 2, 3]                    #列表是一种可迭代对象
>>> b1 = iter(a)                     #迭代器 b1
>>> b2 = iter(a)                     #迭代器 b2,独立于迭代器 b1
>>> next(b1)①                        #得到迭代器 b1 的第 1 个元素
1
>>> next(b1)                         #得到迭代器 b1 的第 2 个元素
2
>>> next(b1)                         #得到迭代器 b1 的第 3 个元素
3
>>> next(b1)                         #迭代器 b1 已完成迭代,抛出异常
Traceback (most recent call last):
  File "<pyshell#46>", line 1, in <module>
    next(b1)
StopIteration
>>> next(b2)                         #在迭代器 b2 上第 1 次调用 next()方法
1
>>> b1 = iter(a)                     #重新得到一个迭代器 b1,从头开始循环
>>> next(b1)
1
```

可迭代与迭代器有什么本质区别呢？下面通过一个例子进行说明：

```
>>> lt = ['one', 'two']              #可迭代对象 lt
>>> iter_lt = iter(lt)               #迭代器 iter_lt
>>> for num in iter_lt:
    print(num)
```

上述代码的输出结果：

```
one
two
>>> for num in iter_lt:              #在上一个 for 循环中,iter_lt 已经完成迭代
    print(num)
```

上述代码的输出结果为空。

相反，可迭代对象可执行无数次的迭代循环：

```
>>> for num in lt:                   #执行第一次迭代循环
    print(num)
```

上述代码的输出结果：

```
one
```

---

① 内置函数 next(obj)就是通过调用 obj 对象的__next__()方法实现的。

```
two
>>> for num in lt:                          #执行第二次迭代循环
    print(num)
```

上述代码的输出结果：

```
one
two
```

13.3 小 结

本章讲解了几个既常用又重要的函数，充分利用这些函数能够极大地提高程序的开发和执行效率，而且使得程序更健壮。这些函数包括执行函数 exec()、过滤函数 filter()、投影函数 map()、区间函数 range()、缩减函数 reduce()、组合函数 zip()、枚举函数 enumerate()和格式函数 format()。

可迭代对象与迭代器是两个容易混淆的概念。前者可以被反复使用，如在循环结构中；而后者是一次性的，其中的每一个元素只能被访问一次。将 iter()函数作用于可迭代对象能得到一个迭代器。

练习题 13

1. 举例说明集合、字典和文件都是可迭代对象。

2. 使用什么命令可以得到 Python 解释器的内置函数列表？

3. 写出代码 exec("a=5\nb=pow(a,2)\nprint(b)")的执行结果？

4. 已知列表 lt = ["good", 0, None, True]，写出代码 list(filter(None, lt))的执行结果。

5. 使用投影函数 map()，将列表[1, 2, 3]转换为['1', '2', '3']。

6. 使用 range()函数创建列表[10, 20, 30, 40, 50]。

7. 使用 reduce()函数求 5 的阶乘 5!。

8. 使用 zip()函数创建一个字典，该字典的键为列表 a = ['one', 'two']，值为列表 b = [1, 2]。

9. 已知集合 weekday = ['Mon', 'Tue', 'Wed', 'Thu', 'Fri']，使用枚举函数 enumerate()得到如下的输出结果：

```
1 Mon
2 Tue
3 Wed
4 Thu
```

```
5 Fri
```

10. 执行代码"{1：+^9}{0：-^9}".format('world', 'hello')，写出它的输出结果。

11. 怎样由可迭代对象得到一个迭代器？

12. 怎样由元组 tu = (1, 5, 2)得到一个迭代器？在 for 循环中使用该迭代器，输出其所有元素。

参 考 文 献

[1] 董付国. Python 可以这样学[M]. 北京：清华大学出版社，2017.

[2] 嵩天，礼欣，黄天羽. Python 语言程序设计[M]. 2 版. 北京：高等教育出版社，2017.

[3] 杨佩璐，宋强，等. Python 宝典[M]. 北京：电子工业出版社，2014.

[4] 黄天羽，李芬芬. 高教版 Python 语言程序设计冲刺试卷(含线上题库)[M]. 2 版. 北京：高等教育出版社，2018.

图书资源支持

感谢您一直以来对清华版图书的支持和爱护。为了配合本书的使用，本书提供配套的资源，有需求的读者请扫描下方的"书圈"微信公众号二维码，在图书专区下载，也可以拨打电话或发送电子邮件咨询。

如果您在使用本书的过程中遇到了什么问题，或者有相关图书出版计划，也请您发邮件告诉我们，以便我们更好地为您服务。

资源下载、样书申请

书圈

我们的联系方式：

地　　址：北京市海淀区双清路学研大厦 A 座 701

邮　　编：100084

电　　话：010-83470236　010-83470237

资源下载：http://www.tup.com.cn

客服邮箱：2301891038@qq.com

QQ：2301891038（请写明您的单位和姓名）

扫一扫，获取最新目录

课 程 直 播

用微信扫一扫右边的二维码，即可关注清华大学出版社公众号"书圈"。